规模猪场
高质量管理

GUIMO ZHUCHANG GAOZHILIANG GUANLI

王桂柱　王建涛　化世鹏　主编

中国科学技术出版社
·北京·

图书在版编目（CIP）数据

规模猪场高质量管理 / 王桂柱，王建涛，化世鹏主编 . —北京：中国科学技术出版社，2021.12

ISBN 978-7-5046-9238-2

Ⅰ. ①规… Ⅱ. ①王… ②王… ③化… Ⅲ. ①养猪场—经营管理 Ⅳ. ① S828

中国版本图书馆 CIP 数据核字（2021）第 201167 号

策划编辑	王双双	
责任编辑	王绍昱	
装帧设计	中文天地	
责任校对	焦　宁	
责任印制	马宇晨	

出　　版	中国科学技术出版社
发　　行	中国科学技术出版社有限公司发行部
地　　址	北京市海淀区中关村南大街16号
邮　　编	100081
发行电话	010-62173865
传　　真	010-62173081
网　　址	http://www.cspbooks.com.cn

开　　本	889mm×1194mm　1/32
字　　数	172千字
印　　张	7
版　　次	2021年12月第1版
印　　次	2021年12月第1次印刷
印　　刷	河北鑫兆源印刷有限公司
书　　号	ISBN 978-7-5046-9238-2 / S·782
定　　价	28.00元

编 委 会

主 编

王桂柱　　王建涛　　化世鹏

副主编

杨绪波　　刘文科　　张进红

编写人员

郑英珍　　徐　丽　　陈国超

魏爱彬　　杨建辉　　李奇峰

史国翠　　韦铭志　　强慧勤

刘学彬　　谷　岩　　刘　伟

郜　霞　　柴海静　　秦　帅

P*reface* 前 言

党的十九大报告指出，中国特色社会主义进入新时代，我国社会主要矛盾已经转化为人民日益增长的美好生活需要和不平衡不充分的发展之间的矛盾。改革开放以来，我国生猪养殖业发展成绩显著，为丰富居民"菜篮子"、鼓起农民"钱袋子"作出了积极贡献。但是，我国养猪业发展的不平衡、不充分问题依然突出，主要表现在生产成本高、单产水平低、国际竞争力不强，与广大人民对安全、优质、高品质畜产品的需求相比，还存在着较大差距。加快建设现代养猪业，对稳定国内猪肉供给、全面推进乡村振兴、提升群众获得感有着重要的促进作用。

我国生猪养殖业大环境复杂多变，与养猪业发达国家生产水平仍有很大差距。通过高质量管理，提高生产水平、降低养殖成本、获得安全健康的猪肉食品，成为我国生猪养殖业未来发展的主题。本书是我们经过近三年的调研考察，并广泛听取国内多方专家意见和借鉴知名企业的先进理念和经验，多次易稿所成。本书重点围绕规模猪场环境安全管理、生物安全管理、饲料安全管理、高效生产进行阐述，内容科学实用。

在本书编写过程中，参考了部分中外养猪著作和论文，并借鉴和引用了一些专家的研究资料和成果，得到国内养猪专家指导，特别是受到了河北省生猪产业技术体系创新团队、河北省畜牧总站和天津正大农牧有限公司、北京大鸿恒丰牧业科技有限公司等专家的支持帮助，在此一并表示衷心的感谢和崇高的敬意。

由于编者水平有限，编写时间仓促，书中不妥之处在所难免，敬请养猪业同人批评指正。

王桂柱

Contents 目 录

第一章

概　述

中国特色社会主义进入了新时代，我国经济发展也进入了新时代，我国经济已由高速增长阶段转向高质量发展阶段。国务院办公厅《关于促进畜牧业高质量发展的意见》指出，以实施乡村振兴战略为引领，以农业供给侧结构性改革为主线，转变发展方式，强化科技创新、政策支持和法治保障，加快构建现代畜禽养殖、动物防疫和加工流通体系，不断增强畜牧业质量效益和竞争力，形成产出高效、产品安全、资源节约、环境友好、调控有效的高质量发展新格局，更好地满足人民群众多元化的畜禽产品消费需求。

我国有悠久的养猪历史。改革开放以来，我国生猪养殖业逐步实现了从整体薄弱到总量和结构的同步发展，使我国成为世界第一大猪肉生产国和第一大猪肉消费国。我国生猪养殖业已成为畜牧业发展的主导产业，占畜牧业总产值的54%，为农民增收、农村劳动力就业、粮食转化和相关产业的发展作出了重大贡献。

当前，我国养猪业正处于向规模化、标准化、智能化转型的关键时期，各种矛盾和问题突出，尤其是猪肉及其产品质量安全、公共卫生安全以及生态环境安全成为制约我国现代化养猪业高质量发展的瓶颈。积极推广规模猪场高质量管理技术和措施，满足现代养猪生产对环境、生物安全、高效生产的需求，才能切实提高养猪业生产效率和生产水平，降低疫病风险，确保人畜安全，从源头上改善生态环境，维护国家生态安全，实现养猪业与生态环境的协调发展。

一、我国生猪产业现状及发展趋势

（一）产业现状

2018 年 8 月，非洲猪瘟传入我国以后，国内生猪养殖业发生了历史性巨变，并产生深远影响。2019 年成为养猪业的一个重要节点，生物安全意识快速提高，采取了前所未有的生物安全措施。当前我国生猪养殖规模表现为市场分散但规模化集中度快速提升的特点。市场分散表现为大规模、小群体。大规模是指养殖数量巨大，占全球养殖数量的半壁江山；小群体是指中小规模养殖场仍然是主力军。规模化集中度快速提升表现为大型养猪企业迅速发展，养殖数量占比不断提升。

从生猪产业经营模式来看，传统的庭院式小规模养猪模式基本被淘汰，规模养殖快速发展；传统的简易养殖模式逐渐被一点式或多点式分阶段全进全出养殖模式所取代。随着信息时代的到来，利用网络整合养猪业上下游社会资源共同投入到生猪产业，并先后发展出了养殖场独立自养、多种经营主体合作养猪、集团公司＋农户的放养模式，直至当前的"互联网＋"、人工智能养猪等新模式。2019 年以来，在高利润刺激下，集团公司特别是上市大公司采用租赁、自建、放养等模式快速扩大市场，中国养猪业正在发生历史性巨变。

1. 产业规模与消费特点

受非洲猪瘟疫情冲击和一些地方不当禁养限养等因素的影响，2019 年全国生猪产能下降较大，猪价快速上涨。据农业农村部监测，2019 年 12 月生猪存栏同比下降 37.7%，能繁母猪存栏同比下降 31.4%，全年累计出栏量同比下降 24.6%。市场供给不足导致猪肉价格、进口数量均创历史新高。我国养猪业受到前所未有的冲击，面临产能恢复的严峻考验。

2000—2018 年我国生猪生产规模基本情况如表 1-1 所示。

表 1-1　2000—2018 年我国生猪生产规模基本情况

年份	出栏头数（万头）	年底存栏头数（万头）	猪肉产量（万吨）	出栏率（%）
2000	51862.3	41633.6	3966.0	117.42
2001	53281.1	41950.5	4051.7	127.98
2002	54143.9	41776.2	4123.1	129.07
2003	55701.8	41381.8	4238.6	133.33
2004	57278.5	42123.4	4341.0	138.41
2005	60367.4	43319.1	4555.3	143.31
2006	61207.3	41850.4	4650.5	141.29
2007	56508.3	43989.5	4287.8	135.02
2008	61016.6	46291.3	4620.5	138.71
2009	64538.6	46966.0	4890.8	139.42
2010	66686.4	46460.0	5071.2	141.99
2011	66326.1	46862.7	5060.4	142.76
2012	69789.5	47592.2	5342.7	148.92
2013	71557.3	47411.3	5493.0	150.36
2014	73510.4	46582.7	5671.4	155.05
2015	70825.0	45112.5	5486.5	152.04
2016	68502.0	43504.0	5299.0	151.85
2017	68861.0	44150.0	5340.0	150.56
2018	69382.0	42817.0	5404.0	157.15

注：出栏率＝［出栏头数（包括出售的和自宰的）÷期初头数（可用上期期末数代替）］×100%。

从消费方式看，我国猪肉消费以热鲜肉消费为主，占90%以上；冷鲜肉、冻肉和肉制品消费占比低于10%。而多数西方国家则以肉制品消费为主，一般在60%以上，冷鲜肉消费次之，热鲜肉消费量很小。我国的这种特殊消费方式给猪肉的生产安全和食品安全带来了极大的挑战。

2. 猪场存出栏规模

从生猪出栏结构来看，在市场趋势和非洲猪瘟疫情的双重夹持下，散养户数量大幅减少，年出栏量500头以下的养殖户数量在近五年逐年下滑，年出栏量10 000头以上的大型养殖场数量逐年增加，特别是年出栏量50 000头以上的规模化养殖企业增量加快。2017年，我国年出栏量500头以上的养殖场占市场总量不足50%，而年出栏量10 000头以上的养殖场占比为13%。受中小型养殖场压缩存栏、大型养殖场规模扩张的影响，规模化集中程度进一步提升。集团化生猪养殖快速崛起，2017年集团化生猪养殖占比接近5%。据统计，2018年第三季度，大型养殖集团在建工程同比增加45%，固定资产同比提升12%，生物性资产同比提升14%，这表明大型养殖集团在快速扩张规模。

3. 经营模式

近年来随着我国生猪产业规模化、标准化生产的推广，各种新型经营模式不断涌现，主要有以下几种。

（1）**重资产型** 一般是由公司自建养殖场，自繁自养，雇佣工人统一管理，技术人员实行绩效考核，也有的给予股份激励，是现阶段的主要模式。优点是管理水平高，疫病风险低，产品质量安全有保障；缺点是固定投资大，环保压力大。代表性公司有牧原实业集团有限公司、中粮集团有限公司、雨润控股集团有限公司、河南双汇投资发展股份有限公司、天津宝迪农业科技股份有限公司等。

（2）**"公司＋农户"紧密合作型** 一般是由公司自建种猪场，繁育商品仔猪，农户按公司要求设计建设或租赁育肥场分散养殖，两点式养殖，分工合作。公司为农户提供猪苗、饲料、兽药等，只做记账处理，而不进行现金结算，公司配备专业技术人员进行技术指导服务。生猪产权归属公司，销售时按照合同价格结算。优点是统一标准、养殖效率高、环保压力小。代表性公司有广东温氏食品集团股份有限公司、江西正邦集团有限公司、四川新希望集团有限公司等。

（3）"公司＋农户"松散合作型　一般是由公司与农户签订商品猪收购合同，约定收购价格和标准，通常由公司向农户销售仔猪、饲料、兽药等产品，与农户现金结算。也有些养殖屠宰一体化的企业，直接与农户签订收购合同，生猪产权归农户。该模式的缺点是农户分散养殖，难以实现统一管理，违约概率高，主要是一些屠宰企业、饲料企业等采用。

（4）**生态养殖**　相对于集约化、工厂化养殖方式来说，生态养殖是让畜禽在自然生态环境中按照自身的生长发育规律繁殖生长，减少人工环境影响和促生长剂、配合饲料等投入量，猪只相对回归自然，按自身的生长发育规律生长。生态养殖主要以饲养地方品种猪或地方改良品种猪为主，以销售高端品牌猪肉为目的，如广东壹号食品股份有限公司、唐县昌鑫黑猪养殖有限公司等。

4. 养殖模式

改革开放以来，我国生猪养殖模式逐渐由传统的"一点式养殖模式"过渡到"多点式养殖模式"，后者以"两点式养殖模式"和"三点式养殖模式"为主。笔者通过调查研究发现，目前新旧几种模式在我国的养猪业中依然共存。

（1）**一点式养殖模式**　猪只的繁殖和各个生长阶段均在同一场区内完成，即在同一场区内完成商品猪的整个生产流程。按照猪只繁殖和生长发育阶段，猪群先后在同一个厂区内的后备、配怀、分娩、保育、育肥等多个栋舍间流转。传统的一点式养殖模式也包含我国以前小规模养殖场（户）普遍采取的"混养式"自繁自养模式，即在一两栋猪舍中既养公母猪又养仔猪、育肥猪。

（2）**多点式养殖模式**　猪只的繁殖和各个生长阶段在不同场区完成。在我国的养殖实践中，多采取两点式养殖模式和三点式养殖模式。两点式养殖模式一般是母猪繁殖在一个场区（仔猪繁育场），而断奶后的保育育肥阶段转运到另一个场区（保育育肥场），直至出栏上市；也有少数养殖场采取母猪繁殖和仔猪保育在一个场区，而保育猪的育肥阶段转运到另一个场区（育肥场），直至出栏上市。三点式养殖模式是母猪繁殖、仔猪保育、保育猪育肥三个阶段分别在不同场区（仔猪繁育场、保育场和育肥场）完成。

传统的以自繁自养为基础的一点式养殖模式，历史上曾极大地促进了我国养猪业的发展，也为整个养猪业向规模化、集约化的转变提供了基础。然而，即使实施严格意义上的全进全出，由于一点式养殖模式分栋不分场的特性，很难彻底切断疫病的场内垂直传播，造成多病原混合感染及免疫抑制性疫病肆虐的现象长期存在，致使猪病防治越来越艰难。

为切断疫病的传播，从 20 世纪 90 年代开始，我国养猪业逐渐发展起了多点式养殖模式，即母猪、仔猪在不同场区分开饲养管理，各场区之间距离至少在 1 000 米以上。目前很多规模化猪场如广东温氏食品集团股份有限公司、中粮集团有限公司等都实施了多点式养殖模式，发病率、死亡率均显著降低。目前国内大多数猪场仍然以中小规模为主，大多沿用一点式养殖模式。在今后的养猪生产中，有必要探索中小规模猪场向多点式养殖模式转变，促进养猪业的健康可持续发展。

（二）产业发展趋势

近年来，规模猪场的疫病防控难度不断提高。2018 年 8 月非洲猪瘟传入我国，由于其具有高致死率、无疫苗防疫等特性，给我国养猪行业带来巨大影响。高质量发展已经成为生产安全、食品安全和环境友好的必然要求。

1. 养猪理念转变

我国的养猪业虽然得到发展，但"轻预防、重治疗、败于病；贪规模、轻管理、败于债"的落后管理理念挥之不去。非洲猪瘟等疫情的不断出现，让从业者深刻体会到基于生物安全的疫病防控是养猪业的第一要务。人们对非洲猪瘟防控工作的高度重视，也会促进对其他疫病的防控，使我国疫病防控水平快速提高，从长远来看，也为国家大力推进的疫病净化奠定了坚实基础。

2. 产业布局优化

我国多年来形成的"南猪北养、北猪南运"的全国整体布局将被分区养殖、调运取代；总量占比大，但养殖规模小、猪舍简陋、设备落后的散养户继续大批退出；从全国各省份的布局来看，传统的养殖密集区的养殖规模、存出栏数量将会下降，同一区域内的养殖布局将由集中趋于分散；今后一段时间内，国家倡导养猪规模适度发展，会形成分散养殖、适度规模的发展模式。

3. 猪场设计建设科学合理

每头猪的总体投资成本大大提高，疫病防控硬件建设投资越来越高，环保和粪污治理设施设备投入不断增加；随着自动化、智能化、信息化的发展，人工使用数量进一步减少、人员专业水平逐步提高。猪场设计建设科学合理成为养好猪的先决条件。

4. 模式灵活多样

养殖模式创新层出不穷。上市公司、集团化公司发挥人力、财力、技术等方面的优势，通过合作经营、租赁等多种合作方式盘活现有规模猪场资产。"公司＋农户"的模式得到进一步发展，专业化分工、产业化运作将成为发展趋势。

5. 生物安全越发重要

我国政府、各级畜牧主管部门及生猪养殖场，对生物安全和疫病防控的重视，提高到了前所未有的高度，生物安全体系取得跨越式发展。猪群转运、猪舍清洗、高温消毒等生物安全创新措施涌现。养猪行业的风险及门槛进一步提高。

6. 专业物流蓬勃发展

近年来，养猪业集团化发展和产业化运营使得运输环节成为普遍关注的热点和关键点。不论是饲料运输车、仔猪运输车，还是收猪车、猪肉冷链运输车，都已逐步走向专业化、规范化。政府相关部门的监管和违法处罚力度也在持续加大。

7. 环保压力依旧严峻

2013 年以来，农业农村部、生态环境部及各省市密集颁布实施了各项环保法律法规。2014 年颁布施行的《畜禽规模养殖污染防治条例》，是我国第一部专门针对畜禽养殖污染防治的法规性文件。2015 年新的《中华人民共和国环境保护法》正式实施，明确规定畜禽养殖场、养殖小区、定点屠宰企业等的选址、建设和管理必须符合有关法律法规。2015 年出台的《水污染防治行动计划》，明确要求科学划定畜禽养殖禁养区，依法关闭或搬迁禁养区内的畜禽养殖场（小区）和养殖专业户，京津冀、长三角、珠三角等区域提前一年（即 2016 年）完成。2016 年生态环境部、农业农村部联合发布《畜禽养殖禁养区划定技术指南》，全国 20 多个省份于 2017 年上半年都已公布禁养时间表。2016年 5 月国务院发布《土壤污染防治行动计划》，结合区域功能定位和土壤污染防治需要，合理确定畜禽养殖布局和规模。

长期以来我国畜禽养殖业发展缺乏科学的标准和规划，更多的是自发、仅针对市场需求而生的"自由发展"，导致我国生猪养殖业总体布局不合理、种养脱节严重，部分地区养殖总量超过环境消纳能力容量，加之污染防治设施普遍配套不到位，大量粪便、污水等废弃物得不到有效处理，直接排放到场外，对周边环境造成了严重污染。近年的污染源普查动态数据显示，畜禽养殖污染物排放量在全国污染物总排放量中的占比有所上升。可见，畜禽养殖业污染物减排问题已不容忽视，这关系着国家节能减排目标的实现、生态环境整体改善和人民群众的安全健康。

种养结合是实现粪污综合利用的有效途径。种养结合能够同时解决种植业产品及副产品的合理利用和畜禽养殖业的粪污处理两大难题，将种植业和畜牧业有机结合，形成绿色循环的生态种养模式，既保证了猪肉安全供给，又解决了环境污染问题。但在我国大部分地区，农村土地经营权分散在广大农户手中，这在一定程度上加大了生猪养殖企业获得集中连片规模土地的难度，阻碍种养结合模式发展。

8. 国际竞争日趋激烈

我国加入世界贸易组织后，各缔约方要求我国放开农产品价格，实行农产品生产商品化、经营市场化，使农产品国内价格和国际价格接轨。这就使我国相对落后、脆弱的畜牧业直接面对国际竞争。我国生猪养殖业总体发展水平远落后于国际发达国家，在竞争中处于劣势，特别是 2019 年以来，受非洲猪瘟影响，国内生猪价格暴涨，进口数量激增。因此，国内农产品市场面临着国际市场的冲击和挑战，不利于我国生猪产业的稳定健康发展。

9. 动物福利化迫在眉睫

与国际上生猪养殖发达地区相比，我国的生产水平差距大，在动物福利方面更是远远落后。目前国内大多数猪场都采用母猪限位栏饲养，虽取得了较高的生产效率，但对母猪的健康造成了较大的伤害，造成了母猪利用年限缩短、死亡淘汰率升高等问题，也不符合国际惯例的动物福利要求。今后，规模猪场采用智能饲喂站大栏饲养母猪将成为趋势，该方法可以为母猪提供干净、舒适的生活环境，改善健康状况，充分地发挥生产潜力，提高经济效益的同时，还符合动物福利要求。

近年来，西方国家对动物福利的关注度逐年上升，并以此设置贸易壁垒，限制非动物福利产品进入本国市场，这也严重限制了我国猪肉产品出口。因此，实施动物福利，对动物本身、人类自身健康、产品出口都有好处。

二、规模猪场建设和高质量管理

受非洲猪瘟疫情影响，2019 年以来我国生猪存栏量快速下降，农业农村部密集出台了一系列支持生猪发展的政策和非洲猪瘟防控相关技术文件，为我国生猪产业健康发展指明了方向。猪场建设、生产工艺设计和各环节的标准化、精细化管理是生猪养殖健康发展的有力保障。规模猪场建设，首先是确定好养殖模式和生产工艺，然后在合理布局、科学建设、配备先进设备设施、引进优质猪群的基础上，进行科学饲养管理。规模猪场高质量管理，就是基于高投入高产出、智能化管理理念和产业化运营模式建立现代化规模猪场综合管理措施体系，通过高质量管理实现高水平生产和风险可控的目标。本书仅就猪场建设和高质量管理两个方面进行简单介绍，不涉及详细的规划设计和建设内容。

（一）规模猪场建设模式

规模猪场建设首先要确定养殖模式和生产工艺，现阶段我国规模猪场养殖是多种模式并存。现对三种较为先进的模式进行介绍。

1. 一点式分阶段全进全出养殖模式

该模式主要适合于中小型猪场。特点：①一点式，就是把仔猪繁育、保育和育肥放到同一个场区内完成；②分阶段，就是按照猪只的繁殖和各生长发育阶段特点及营养需求等，给予最适生活环境和管理措施；③全进全出，指借鉴工厂流水线作业模式，将猪只在各生产车间之间无间隙流转，整批猪群的所有猪只在同一车间内全进全出（图 1-1）。优点：配套设施的建设成本和管理成本较低，自繁自养利于猪场掌握生产节奏。缺点：不利于疫病防控，病原在场内不同阶段猪群间传播，疾病防控难度大，一旦发生重大疫情，损失惨重。

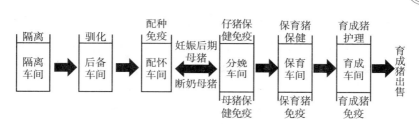

图 1-1　一点式分阶段全进全出生产工艺流程图

2. 两点式和三点式分阶段全进全出养殖模式

这两种模式主要适合于中大型猪场，尤其受大型养殖集团青睐。与一点式养殖模式相比，多点式养殖模式的最大特点就是将仔猪繁育、保育和育肥等阶段放在不同场区内完成（图1-2）。优点：有利于提高养殖生产效率；可有效避免病原在不同生产阶段猪群之间的循环传播，尤其是在独立的保育和育肥场，可以实现真正意义上的全进全出，空场后能够彻底消毒和净化。缺点：猪只转移过程存在疫病感染的风险；每个场区都要配备必要的生活设施、管理人员及环保设施，投资成本高。

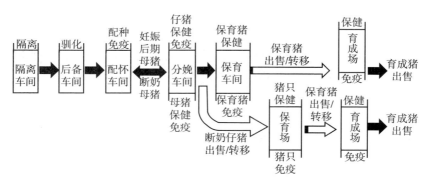

图 1-2　两点式和三点式分阶段全进全出生产工艺流程图

（二）规模猪场繁殖模式

猪场在建设前还要确定繁殖模式，按照采用的批次生产模式规划设计养殖车间布局和猪栏等设施。

　　猪场的繁殖模式以连续性生产模式为主。中国畜牧业协会猪业分会发布的《中国猪业发展报告（2015）》显示，我国养猪业存在着多种疾病防控难的问题，如猪繁殖与呼吸综合征、猪圆环病毒病等疾病严重影响我国养猪生产。减少疾病的水平传播对疫病防控尤为关键，而现有的连续性生产模式无法做到真正意义上的全进全出，也无法阻止疾病水平传播。因此，引入并推广批次化管理模式意义重大。例如，在德国猪场批次化生产非常普遍，实现了真正意义上的工厂化养殖，人均饲养母猪达 200 头，标准化操作，工作效率高，可以有效地阻断疾病的传播。

　　母猪批次化生产是将原有每天都有断奶、配种、分娩的连续生产管理模式改为以周为节律的生产模式，如一周批生产模式、二周批生产模式、三周批生产模式、四周批生产模式、五周批生产模式等。也就是说，按照周节律调整生产管理模式，通过控制断奶时间和注射激素让母猪集中发情、集中配种，从而使母猪集中分娩，以实现标准化生产。

（三）规模猪场高质量管理

　　高质量发展需要通过高质量管理来实现。利用现代化的管理手段建立一套完善的规模猪场现代化、规范化的综合管理体系以实现高水平生产和风险可控的目标。母猪批次化生产管理、液态饲喂模式的推广、抗生素减量背景下的动物疫病防控、生物安全、生态环境保护下的粪污资源化利用等成为畜牧业向高质量方向发展的重要途径。

第二章
环境安全控制管理

我国环境保护政策对养殖业的要求日益严格，生猪养殖从业人员也从传统的仅关注饲喂和营养，逐步转变为重视环境管理、重视猪场与周边环境的相互影响。欧美发达国家早在多年前就已经开始重视并制定了养殖环境相关法规和标准。

在影响生猪养殖水平的诸多因素中，环境因素是仅次于品种的第二大因素，贡献率占 30% ～ 40%，足见猪场环境控制管理的重要性。影响生猪生产的主要环境因素见表 2-1。

表 2-1　影响生猪生产的主要环境因素及其特点

分类		因素	特点
外部环境		大气、水、土壤、动植物、微生物等	外部环境因素比较固定，通常很难改变，主要受选址影响
内部环境	物质环境	温湿度、光照、通风、噪声、尘埃微粒（PM2.5、PM10）、有害气体（氨气、硫化氢和二氧化碳等）	内部环境因素通常可以改变，主要受场区布局、养殖车间构造、建筑材料、设施设备等影响。其中，设施设备对内部环境影响较大，通过升级改造可改善效果
	非物质环境	场区布局、建筑构造和材料、设施设备（地板、猪栏、料线、水线、环境控制、清粪设备等）	

一、外部环境控制

（一）外部环境控制的重要意义

养猪业是高投入低利润行业，建设规模猪场的资金投入较大，每头猪折合固定投资在千元以上，若外部环境控制不当，轻则增加投资成本造成不必要的浪费，还给日后的生产经营管理造成不便，增加运营成本，降低养殖效益；重则面临关停整改甚至关闭拆迁，既给投资者造成重大经济损失，也造成社会资源的严重浪费。

国家颁布《畜禽规模养殖污染防治条例》和《畜禽养殖禁养区划定技术指南》，各级政府划定辖区内畜禽养殖禁养区、限养区和适养区，以规范猪场建设规划，实现可持续发展。

（二）外部环境控制的主要内容

外部环境主要决定于猪场周围自然环境和地理位置。猪场周围自然环境包括工矿、机场、污染源等高风险场所分布；猪场地理位置包括天然地理条件和交通布局等。

猪场的选址是猪场建设的第一步，是猪场可持续健康发展的基础和保障。

1. 科学选址应考虑的主要因素

（1）合法性　猪场厂址的选择首先应做到合法合规。合法，即所选土地必须符合国家土地法及当地政府相关部门的土地使用规划；合规，即所选土地必须符合当地政府畜牧业发展规划。坚决不在禁养区选址建场，只能在限养区和适养区建场，尽量在适养区内选址。

（2）周边生态环境

①周围猪场　实地查看并统计 0～3 千米、3～10 千米范围内猪场数量和猪只存栏量，标记 3 千米内猪场和养殖户的位置，

其分布与选址猪场位置越近，生物安全威胁越大。要求距离小型养殖场500米以上、大型养殖场1 000米以上。

②高风险场所　畜产品加工厂、病死动物无害化处理场、粪污消纳点、农贸交易市场、垃圾处理场、车辆洗消场所及动物诊疗场所等均为生物安全高风险场所，猪场选址时应与上述场所保持2 000米以上的生物安全距离。如有围墙、河流、林带等屏障，距离可适当缩短。

（3）地理位置和自然资源

①地形和地势　首先考虑地形，生物安全高低顺序依次为高山、丘陵、平原。不论哪种地形，都应地形开阔整齐，有足够的面积，如为坡地，坡度以不超过1～3度为宜。切忌将猪场建在山顶、谷底或风口等处。其次考虑地势，应选择地势高、干燥、排水良好、地下水位在2米以下、背风向阳的平坦场地。由于地势及方位不同，获得的太阳辐射热量不同，因而小气候也不同，这些都将直接影响猪场的温湿度状况。

②土壤　选择地下水位较低的沙壤土为好。因为沙壤土排水性强，透气性好，毛细管作用弱，吸湿性和导热性小，质地均匀耐压。含有碎石的沙地，排水性虽好，但夏季日照反射的热量多，会使舍内温差过大；黏土地排水不良，易积水，使地面泥泞，不易清除粪便，如经发酵分解会产生有害气体。

③水源　应选择水质良好、水量充足的水源，最好是深层地下水。尽量避免使用地表水，如需使用地表水，必须经过处理使之达标。猪场用水包括猪的饮水、清洁用水、人的生活用水，用水量大，如供水不足，既影响猪只健康和生产力的提高，又不能有效组织生产。每头猪每昼夜用水定额为20升（包括清洁用水）。猪场使用自来水以外的水源时，要对水质进行化验。人饮用水水质必须满足《GB 5749—2006　生活饮用水卫生标准》要求，猪饮用水水质至少满足《NY 5027—2008　无公害食品　畜禽饮用水水质》标准。

④交通运输　猪场的交通运输主要是供应饲料、运送粪污和畜产品。因此，猪场应选在交通运输方便之处，猪场离公共道路越近、周边公共道路交叉越多，生物安全风险越大。一般要求猪场距交通主干线 1 000 米以上，距离一般公路 500 米以上。

⑤与其他公共资源距离　猪场应距离公共场所、居民区、学校等 1 000 米以上，距医院、污水处理场等 2 000 米以上。

猪场须每年对周围养殖环境进行调查评估，了解周围生物安全风险，根据生物安全风险点的变化制定针对性疫病防控措施。

2. 科学选址流程图

新建猪场，首先是选择一个合法合规又有利于猪场长期稳定发展的场址，选址可参考下面的流程，见图 2-1。

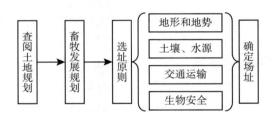

图 2-1　规模猪场科学选址流程

3. 科学选址的其他注意事项

（1）供电、网络通信有保障　电力供应对猪场非常重要。猪场选址应靠近输电线路，确保电力供应，减少供电投资，但应避开高压电线。新建猪场应建有供猪场饲料加工的 380 伏的三相电网和供应猪场照明的 220 伏两相电网。养殖车间内的供电系统与场内的供电网相连接，确保生产用电。除照明设备外，各养殖车间应根据供暖、降温、空气净化设备的设置设计供电线路、插座及开关，并设置动力线插座，以便进行高压冲洗和消毒。产房需设计保温箱取暖及通风、降温等用电。

现代化规模猪场的日常管理和远程监管等工作都离不开网

络，因此，给规模猪场接通有线网络、配备覆盖全场的无线信号非常必要。

（2）**适宜的场址周边小气候**　了解场址周边的小气候气象资料，如气温、风力、风向及灾害性天气等情况。掌握拟建地区常年气候变化，包括平均气温、绝对最高与最低气温、土壤冻结深度、降水量、最大风力、常年主导风向、风频率和日照情况等，要做到有效避免小气候对猪场建设、生产经营的影响。

（3）**坚持节约用地原则**　场址选择应本着节约用地的原则，尽量选用边坡地、山坡地，不占或少占农田，坚持不与农争地的原则。

（4）**养殖规模应与饲料种植土地、粪污消纳土地相配套**　规模猪场养殖规模的确定应考虑周边的土地资源，保证饲料的充足供应，粪污无害化处理后充分还田，减少环境污染，尽量降低饲料运输和粪污处理费用。按照当前粪污处理及施肥技术，一般认为每公顷土地能够负荷 30～45 吨粪污，如果高出这一水平就会带来土壤的富营养化，对环境产生不良影响。

二、内部环境控制

猪场的内部环境因素主要包括物质环境因素和非物质环境因素两大类，其中物质环境因素指温湿度、光照、通风、噪声、尘埃微粒、有害气体（PM2.5、PM10、氨气、硫化氢和二氧化碳等）含量；非物质环境因素指场区布局、建筑构造和材料、设施设备（地板、猪栏、料线、水线、环境控制和清粪设备等）。这些内部环境因素通常不固定，易改变，主要受场区布局、养殖车间构造、建筑材料、设施设备等影响。其中，设施设备对内部环境影响较大，通过升级改造设备可以达到改善内部环境的效果。

良好的内部环境取决于科学的猪场设计、建设和设施设备。

（一）猪场设计规划

1. 猪场布局

（1）按照功能区域划分　规模猪场主要功能区包括办公区、生活区、生产区、隔离区及环保区等。办公区通常设置办公室、会议室等；生活区为场内人员生活、休息及娱乐的场所；生产区是猪群饲养的场所，是猪场建设的重点区域，也是生物安全防控的重点区域；隔离区主要用于隔离新引进后备猪；环保区主要包括粪污处理、病死猪无害化处理以及其他废弃物处理的区域。各功能区的分布，应根据当地全年主导风向和猪场地势而定，办公区、生活区、生产区、隔离区、环保区从前往后应依次处于上风口——下风口、高地势——低地势。各功能区之间需保持足够的安全防疫距离。

（2）按照生物安全等级划分　按照生物安全等级，整个猪场可分为净区与污区。净区与污区也是相对的概念，生物安全级别高的区域为相对的净区，生物安全级别低的区域为相对的污区。在猪场的生物安全金字塔中，公猪车间、分娩车间、配怀车间、保育车间、育肥车间和出猪台的生物安全等级依次降低。猪只、物资和人员单向流动，按照从生物安全级别高的地方到生物安全级别低的地方，严禁逆向流动。

种猪场还应包括选种区。选种区的设计应使外部选种人员直接从场外进入选种展示厅，而不经过猪场内部，可采用玻璃罩或玻璃墙等有效措施完全隔离。

2. 布局实例

（1）一点式分阶段全进全出规模猪场　该模式一般适用于存栏规模较大，建场用地、人才及资金储备充足，配套设施设备先进完善的规模猪场。生产区应涵盖从仔猪繁殖、断奶仔猪保育到保育猪育肥的全生长阶段的各养殖车间，应特别注意保育车间和育肥车间的设置应与存栏母猪规模配套（图2-2）。

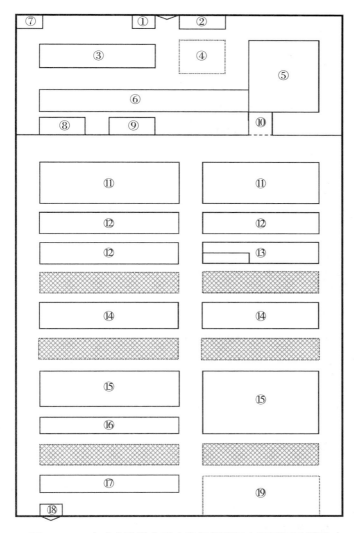

图 2-2　一点式分阶段全进全出规模猪场布局平面示意图

（图中阴影区域为缓冲隔离带）

①猪场大门门卫室　②消毒室　③办公用房　④运动场　⑤饲料中转区　⑥宿舍
⑦食堂（厨师及外部采购菜品不允许进入场区，采用熟食配送制）　⑧锅炉房、供水
房及设备　⑨动力中心　⑩进出生产区的洗消通道　⑪分娩车间　⑫配怀车间
⑬公猪车间、化验室　⑭保育车间　⑮育肥车间　⑯后备车间　⑰隔离车间
⑱售猪台　⑲粪污及其他废弃物处理区

（2）**两点式分阶段全进全出仔猪繁育场**　实际生产中，该模式中仔猪繁育场一般有两种形式，一种是仅做仔猪繁育工作，将全部断奶仔猪出售或转移到其他猪场养殖，不包含保育车间；另一种是包含保育车间，将全部保育后仔猪出售或转移到其他猪场养殖。目前我国大部分经营模式为"公司＋农户"或"公司＋基地＋农户"模式中的仔猪繁育场，采取第二种形式的较为普遍。合作农户只需养殖育肥猪至出栏即可（图2-3）。

（3）**两点式分阶段全进全出保育育肥场**　该模式育肥场通常只饲养保育后的育成猪，直至出栏，全进全出，批次化生产。因此在生产布局中，生产区仅设计建设育肥车间即可。但该模式的有些育肥场也会包含断奶仔猪的保育阶段，还需建设保育车间。保育车间和育肥车间的基础建设基本相同，可以通用，建议两个区域间设置足够宽的隔离带（图2-4）。

（二）基础建设

随着时代进步，庭院散养模式逐步被集约化规模养殖代替，半密闭式猪舍逐步被全封闭养殖车间代替，通风模式也由自然通风发展到机械通风。养殖模式的改变带来的是养殖工艺的变化，现代化工厂化的猪场将养殖车间按照养殖种类的不同划分为生产辅助区和生产区。生产辅助区包括入场车辆消毒通道、入场人员和物资消毒通道、办公室、宿舍、食堂、配电房、饲料仓库、蓄水池、进出生产区的洗消通道、粪污及其他废弃物处理区等。生产区主要分为公猪车间、配怀车间、分娩车间、保育育肥车间、后备车间等。

1. 生产辅助区

（1）**入场车辆消毒通道**　设置在猪场大门入口处，配备消毒机，用消毒液对来往的车辆清洗消毒，是猪场安全防疫的第一关卡。北方地区需注意冬季消毒池内结冰的情况。消毒液应随用随配，及时排放（图2-5）。

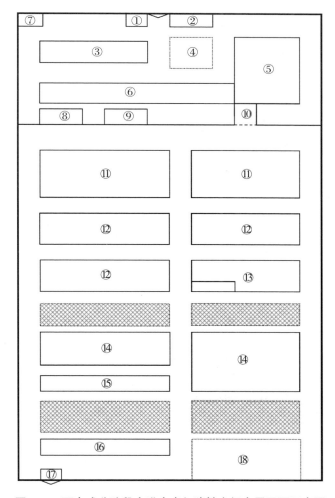

图 2-3 两点式分阶段全进全出仔猪繁育场布局平面示意图

（图中阴影区域为缓冲隔离带）

①猪场大门门卫室 ②消毒室 ③办公用房 ④运动场 ⑤饲料中转区

⑥宿舍 ⑦食堂（厨师及外部采购菜品不允许进入场区，采用熟食配送制）

⑧锅炉房、供水房及设备 ⑨动力中心 ⑩进出生产区的洗消通道 ⑪分娩车间

⑫配怀车间 ⑬公猪车间、化验室 ⑭保育车间 ⑮后备车间 ⑯隔离车间

⑰售猪台 ⑱粪污及其他废弃物处理区

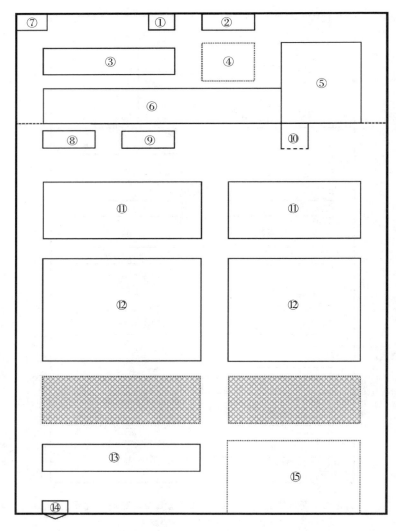

图 2-4 两点式分阶段全进全出保育育肥场布局平面示意图

（图中阴影区域为缓冲隔离带）

①猪场大门门卫室　②消毒室　③办公用房　④运动场　⑤饲料中转区　⑥宿舍　⑦食堂（厨师及外部采购菜品不允许进入场区，采用熟食配送制）　⑧锅炉房、供水房及设备　⑨动力中心　⑩进出生产区的洗消通道　⑪保育车间（也可用做育肥车间）　⑫育肥车间　⑬病猪隔离车间　⑭售猪台　⑮粪污及其他废弃物处理区

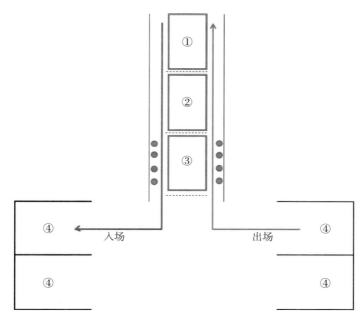

图 2-5　入场车辆消毒通道布局平面示意图

①洗车区　②沥水烘干区　③消毒区（两侧圆点为消毒喷雾桩）　④停车位

（2）**入场人员和物资等消毒通道**　一般设置于猪场大门的门卫房内，主要用于对进入猪场的人员、物资进行清洗消毒（图2-6）。

（3）**猪场综合房**　包括办公室、宿舍、食堂等，根据实际情况规划建设，可以单独建设也可以组合建设，布局参考图2-7。一般情况下，食堂设置于生活区，并分为场内食堂及场外食堂，场内食堂服务于生产区人员用餐，便于防疫。

（4）**配电房**　配电房是猪场专用设施，分为配电房及发电房，一般紧邻变压器。发电房应具备良好的通风散热条件，避免日光暴晒（图2-8）。

（5）**饲料仓库**　根据存栏情况和周期性饲料用量、存量设

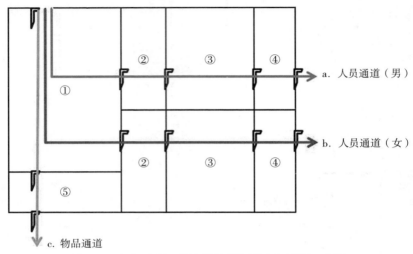

a. 人员通道（男）

b. 人员通道（女）

c. 物品通道

图2-6 入场人员、物资等消毒通道布局平面示意图
①登记处 ②外更衣间 ③洗浴间 ④内更衣间 ⑤物品消毒间

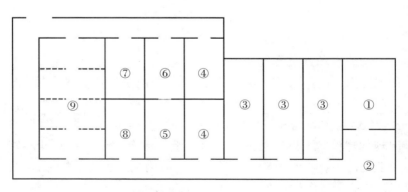

图2-7 猪场综合房布局平面示意图
①厨房 ②餐厅 ③宿舍 ④卫生间 ⑤办公室 ⑥药品、疫苗储存间
（与兽医室之间设置封闭玻璃橱窗，方便药品、疫苗领用与登记）⑦材料室
⑧洗衣房 ⑨洗澡、消毒、更衣间

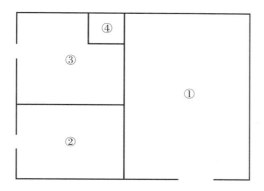

图 2-8　猪场配电房布局平面示意图
①配电室　②柴油发电房　③备用发电机基础　④储油间

计，平面利用率在 70% 以上，注意防火、防水、防潮、防鼠虫鸟、通风干燥及避免阳光直射（图 2-9）。

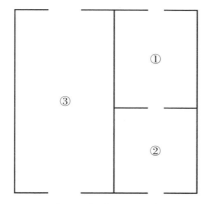

图 2-9　猪场饲料仓库布局平面示意图
①维修间　②工具房　③饲料库

（6）水泵房及蓄水池　存水量设计需保证猪群 3 天用量，多用地下水。对于有条件的地区可以多打一眼井备用（图 2-10）。

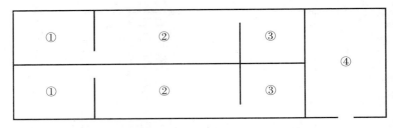

图 2-10　猪场水泵房及蓄水池布局平面示意图

①入孔　②水池　③集水坑　④水泵房

（7）**进出生产区的洗消通道**　生活区进入生产区的二次消毒，是场区防疫重要的环节。洗消通道由外更衣间、淋浴间、内更衣间组成。该洗消通道分男、女及备用通道，一般设在员工宿舍旁，是进出生产区的唯一通道。

2. 生产区

（1）**公猪车间**　一般位于生产区的上风口处，由养殖车间及化验室两部分组成，单独进出（图 2-11）。公猪车间采用全封闭

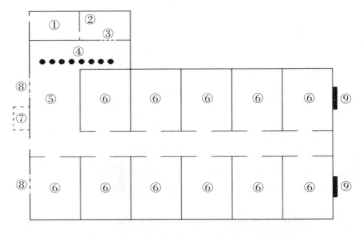

图 2-11　公猪车间布局平面示意图

①缓冲区　②化验室　③窗口　④采精室　⑤赶猪通道　⑥公猪栏
⑦手浴、足浴消毒区　⑧水帘　⑨风机

式结构，机械通风。地面一般分为全水泥地面及漏粪板地面，现阶段较为常用的是漏粪板地面。粪沟做整体防水，采用浅坑尿泡粪模式；配备地沟风机，沟底设置集粪排放口。

为避免影响公猪车间的通风降温，在其侧面建设采精栏和化验室。采精栏与公猪车间设置赶猪通道，驱赶公猪和采精。采精栏与化验室设置双重推拉窗口，将采精的公猪精液传递至化验室。化验室进口设置缓冲区，配置紫外线消毒灯和人员进出更换衣服、鞋帽的设施；化验室内建设放置精液质量检测、稀释、存放等设备的平台，安装空调使温度控制在 20～24℃。

（2）**配怀车间**　配怀车间一般建设在公猪车间和分娩车间之间，间距需满足防疫要求，一般不小于 20 米，3 个车间之间设有赶猪通道。配怀车间采用全封闭式结构，机械通风。地面为全漏粪板地面及半漏粪板地面（图 2-12）。

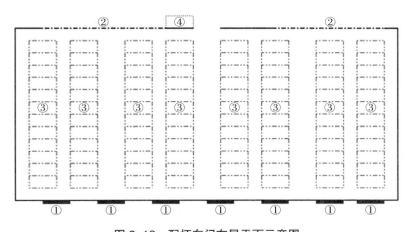

图 2-12　配怀车间布局平面示意图
①风机　②水帘　③定位栏　④手浴、足浴消毒区

（3）**分娩车间**　分娩车间一般与配怀车间相邻，方便猪只转移，全封闭式结构，机械通风。地面一般为全水泥地面或半漏粪板地面，后者较为实用（图 2-13）。

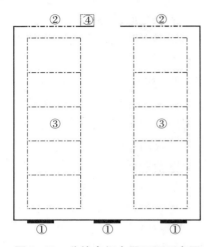

图 2-13　分娩车间布局平面示意图
①风机　②水帘　③产床
④手浴、足浴消毒区

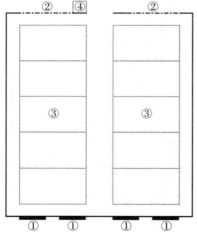

图 2-14　保育育肥车间布局
平面示意图
①风机　②水帘　③保育栏或育肥栏
④手浴、足浴消毒区

（4）**保育育肥车间**　多点式养殖模式中，保育、育肥车间需建在其他场区。一点式养殖模式中，该区域也应远离母猪、公猪养殖区，最小安全距离为 200 米。保育、育肥车间的设置应与分娩车间相配套；保育车间与育肥车间可独立建设，但二者规模也需要相互协调，栏位设置应满足全进全出模式需要。保育车间和育肥车间的建筑结构类似，通常情况下可以通过更换栏体及地面设施，实现两种车间的功能转换。全封闭式结构，机械通风。地面采用半漏粪板加地暖，地暖铺设宽度约占栏位宽度的 1/3（图 2-14）。

（5）**后备车间**　饲养后备猪，一般采用大栏饲养，每个大栏内配置 1 个母猪限位栏，用来饲喂本场健康的后备母猪。后备车间位于生产区下风口、隔离车间上风口，远离仔猪繁育区和保育育肥区。采用全封闭式结构，机械通风。地面可用全水泥地面、全漏粪板地面或半漏粪板地面，后两者应用较多（图 2-15）。

（6）**隔离车间** 隔离车间是引种时极其关键的硬件设施，是对外来引进的后备猪进行隔离和适应的专用场所。

隔离车间位于整个猪场的下风口，且远离其他养殖区域，最好建设在场外，距离本场 500 米以上，距离越近生物安全效果越差。

每头猪的有效使用面积应不低于 1.4 平方米。每栏容纳的猪只不超过 8 头，防止密度过大。采用全封闭式结构，机械通风。地面一般为全水泥地面、全漏粪板地面或半漏粪板地面，后两者应用较多（图2-16）。

（三）设施设备

内部环境直接影响猪场的生产水平，科学合理地配置设施设备是创造优良环境的前提和保障，既可以提高工作效率、节约劳动成本，还可以减少猪只发病、降低疫病暴发的风险。选择设备时，应遵循经济实用、坚固耐用、方便管理、设计合理、符合卫生防疫要求等原则。

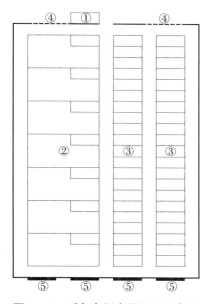

图 2-15　后备车间布局平面示意图
①手浴、足浴消毒区　②大栏
③定位栏　④水帘　⑤风机

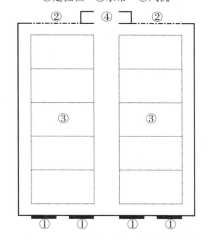

图 2-16　隔离车间布局平面示意图
①风机　②水帘　③大栏　④消毒更衣室

1. 防疫设施设备

为有效控制场外疫病传入场内，防止疫病在猪场内部发生和传播，确保顺利生产，猪场应配置良好的防疫设施设备。

（1）**围墙**　围墙是猪场与外界隔离的有效物理屏障，主要用于防止外界人员及动物进入场内，保障猪场财产安全。按材质通常分为砖墙、围栏网等。

①实体墙　建设时先夯实地表土层，铺设石块等结实抗压地基后，用砖砌墙，墙高2米以上。优点：有效阻挡外界人员、动物进入，防止常规疾病入侵。缺点：通风性差，建设成本高、周期长。

②隔离栏网　建设时也应先做实体矮墙，再安装立柱及栏网，最后喷涂防锈漆等，总高度一般在2米以上。优点：通风性好，建设成本较低、建设快，节省劳动力。缺点：对外界鼠类等一些小型动物和疫病的阻隔作用弱。

（2）**入场消毒设施**　所有进出猪场的人员、车辆、物资等必须经过严格有效的消毒。

①人员消毒通道　通常配有紫外线消毒灯、红外线反应自动喷淋消毒装置和负离子臭氧消毒机。

紫外线消毒灯多用于物体表面的消毒。优点：使用方便、价格低。缺点：仅对直接照射的部位有消毒效果，对其他部位无效，对人体皮肤损伤较大。目前，一般不用于人员直接消毒。在生产中，通常与消毒垫或消毒池配合使用。

红外线反应自动喷淋消毒装置较多用于进入猪场和生产区人员通道的消毒，消毒效果较好（图2-17）。优点：利用超声波使消毒药雾化，消毒微粒更细，加上门

图2-17　红外线反应自动喷淋消毒装置

禁系统自动开关，消毒时长固定，使人员的消毒时间与效果得到有效保证。缺点：价格较贵，需经常添加、更换消毒药液。

负离子臭氧消毒机：负离子可吸附养殖车间内悬浮颗粒，降低空气中的悬浮颗粒物浓度；臭氧对细菌有极强的氧化作用，可将其杀死，两者结合，可以更好地净化养殖车间环境，消毒灭菌。优点：不存在任何有毒残留物，且对各种细菌（如大肠杆菌、绿脓杆菌及杂菌等）都有极强的杀灭能力。缺点：臭氧腐蚀性强，长时间高浓度吸入臭氧会刺激人的呼吸道黏膜，对橡胶制品如沙发、医用胶手套、胶皮管等均有腐蚀，使用时间及频次需要严格把控。

②车辆消毒通道　通常配有消毒池、高温烘干间等设施。

消毒池的顶部、两侧及底部均有喷雾装置，宽度和高度应满足最大车辆正常通过，长度不低于最大车辆车轮的两周半（图2-18）。北方地区需考虑严寒季节的防冻处理，可建设为密闭且带加热设施的建筑

图2-18　入场消毒池

物。优点：全方位喷淋喷雾消毒，消毒效果好，避免了日晒雨淋造成的消毒液及设备的消毒效果降低。缺点：建设成本高、设备资金投入大，为运输易潮物资车辆消毒时对车厢内部消毒效果差，需结合其他消毒方式。

车辆及物资经清洗后，进行高温烘干消毒，从而保证进场物资消毒更彻底。有证据表明，非洲猪瘟病毒在70℃高温下持续30分钟可灭活。

（3）**进入生产区的消毒设施**　进入生产区的消毒通道是守卫猪场生物安全的第二道防线，也是三道防线里最严格、最彻底的

防线。生产区是整个猪场的核心地带，因此进入生产区的消毒防疫工作必须比入场时严格得多，严防外界病毒、细菌进入生产区。

该区域消毒设施应包括除入场消毒设施以外的消毒池通道、外更衣间、洗浴室、内更衣间、消毒柜，有条件的猪场可配备桑拿室。

更衣间分为外更衣间和内更衣间。生产区以外的物品尤其是衣服鞋帽等物品放在外更衣间，未经允许和彻底消毒不能带到外更衣间以外的区域。内更衣间主要存放猪场内部工作服装和相关用具，内更衣间物品绝不能带到其他区域。人员必须在洗浴室彻底洗浴后进入内更衣间吹干换衣，然后进入生产区。

外界物品必须带入时，需事先申请，允许后经熏蒸消毒或负离子臭氧完全消毒后方可带入生产区。

目前，洗浴消毒是人员进入生产区最有效、最彻底的消毒方式。部分猪场在员工进入生产区前除普通淋浴外，还增加了桑拿熏蒸措施，消毒效果较好。

（4）进入养殖车间的消毒设施 养殖车间进口消毒区域是守卫猪场生物安全的第三道防线，也是最后一道防线，进入后直接接触猪群，所以此道防线更不能掉以轻心。

主要的消毒设施有消毒地垫或浅消毒池、洗手盆和毛巾、喷雾器或高压消毒车。消毒地垫或浅消毒池用于消毒人员鞋底和推车等运输工具车轮；洗手盆用于盛放消毒药液、清水，清洁消毒双手；喷雾器或高压消毒车用于养殖车间内部地面和墙壁的消毒。

（5）手术器械等物资的消毒设备 主要有普通蒸煮消毒锅、浸泡消毒盆、高压灭菌锅、超声波清洗器、高温烤箱、鼓风干燥箱、洗手盆等。

普通蒸煮消毒锅主要用于耐蒸煮的针、手术器械等的消毒。高压灭菌锅适用于耐高温、高压物品的消毒。浸泡消毒盆适用于高温高压消毒时易变形的普通塑料制品的消毒。超声波清洗器适用于清洗难度大且清洗要求高的器械的清洗。高温烤箱主要用于耐高温的一些金属器具的消毒。鼓风干燥箱适用于一些计量较准确或者水分渗入会引起有效成分减少的物品，在消毒清洗后进行快速干燥。

（6）**养殖车间日常消毒设施**　各生猪养殖车间直接接触猪群，因此日常的卫生清扫和定期消毒尤为重要。常用的消毒设备有高压消毒车、火焰消毒器、仔猪高温断尾钳、中央高压冲洗系统，部分现代化猪场还配备了具有空气净化功能的新风系统。

①火焰消毒器（天然气/煤气）　可有效杀灭病原菌及芽孢。优点：利用火焰高温辐射效应与热传递，可到达某些消毒药物不能到达的地方，杀毒效果确切，不产生耐药菌株，利于保持车间内干燥。缺点：仅用于耐高温的物品，且需特别注意防范火灾发生。

②仔猪高温断尾钳　用于仔猪断尾，利用高温灼伤达到伤口快速止血消毒的效果，防止继发感染。

③中央高压清洗系统　用于规模猪场各养殖车间的清洗。中央高压清洗机泵站可提供高达 18 兆帕以上的高压水流，通过不锈钢高压管道通至各养殖车间单元，专用的高压水管接上各单元预留的阀门，即可快速高效地清洗养殖车间各个角落。高压射流具有节约用水、清洁彻底的优势。有的配置加热锅炉，可提供热水清洗，清洁效率更高。

④具有空气净化功能的新风系统　适用于全封闭养殖车间，不用开窗，即可实现通风、换气和空气净化，每天 24 小时享受新鲜空气，保证足够通风量。优点：避免因开窗通风造成的噪声、灰尘、蚊蝇和雾霾的侵害，室内更安静舒适；持续通风，能够有效去除室内异味和湿气，防止细菌和霉菌的滋生；节约能源。缺点：设备购置费用高，对养殖车间空间结构和密闭性要求高。

（7）**粪污及其他废弃物收集、处理设施设备**　猪场的废弃物及一些污染物质，若处理不当就会变成影响猪场正常生产的隐患。目前，常用的处理设备有自动刮粪板、固液分离机、沼气发酵池、沼气发酵罐、焚烧炉、废弃物运输专用车辆等。

①自动刮粪板 规模猪场养殖车间猪只排泄的粪污通过漏缝地板进入粪沟内，定时使用自动刮粪板将固体粪污排出圈舍，液体粪污进入集粪池。

②固液分离机 排入集粪池的液体粪污，再次进入固液分离机，分离出干粪和液体。

③沼气发酵池和沼气发酵罐 规模猪场的液体粪污通常进入沼气工程系统，在沼气发酵池、沼气发酵罐内进行厌氧发酵处理，处理后的液体可直接流入氧化塘，或作为液体肥灌溉农田。

④焚烧炉 规模猪场产生的部分固体废弃物可以进行焚烧处理。这种处理方法能彻底消灭病菌，处理快速且卫生，环境污染小。适用于被病原微生物感染的粪便、垫草、剩余饲料、尸体等废物。

⑤废弃物运输专用车辆 规模猪场还可以将病死猪尸体和被污染粪便、垫草、剩余饲料等固体废弃物，通过全封闭的专用运输车辆运输到无害化处理厂，进行集中无害化处理。

2. 生产设施设备

猪场的生产设施设备，原则上要满足猪只的生理需要，保证车间内适宜的温度和湿度，有效控制和降低有害气体含量，为猪只提供足够的生活空间。在现代化生猪养殖过程中，设备的选择至关重要。不同阶段猪只的适宜温度见表2-2。

表2-2 不同阶段猪只的适宜温度

猪只类别	生长阶段	适宜温度（℃）
仔猪	初生几小时	32～35
	1～3日龄	30～32
	4～7日龄	28～30
	2周	25～28
	3～4周	23～35

续表 2-2

猪只类别	生长阶段	适宜温度（℃）
保育猪	5～8 周	20～22
	9～16 周	17～20
育肥猪	17 周后	15～18
公猪	成年公猪	18～20
母猪	后备及妊娠母猪	18～21
	分娩后 1～10 天	24～25
	分娩 10 天后	21～23

下面分别介绍规模猪场各类生产设施设备及其选择标准。

（1）栏体设备

①公猪车间

传统模式栏体：见
图 2-19。通常采用单体
栏加运动场的形式。单
体栏通常设计为 5.5～
7.5 平方米的大栏，位于
舍内，舍外为开放式或
半开放式运动场，面积
约为 8 平方米，保证公

图 2-19　传统模式栏体

猪充足的运动空间，防止其过肥，提高精液质量，有利于延长公
猪使用年限。公猪栏体多选择混凝土或者金属材质，也可二者结
合，即下 1/3 部分使用混凝土，上 2/3 部分使用金属栏。相比金
属栏而言，全混凝土结构会阻碍养殖车间的纵向通风。

区域公猪站模式栏体：见图 2-20。根据本区域总体养殖规
模，按公母比例 1：（80～100）匹配，公猪站规模从几十头到数
百头不等。公猪站栏体采用金属限位栏加部分大栏的形式，这样

图 2-20 区域公猪站模式栏体

能大幅度提升公猪的使用效率，减少公猪车间建筑面积。全密闭式的养殖车间便于内部小环境的控制，饲养效果良好。同时为了兼顾公猪对运动的需求，也可在公猪站内设置部分大栏，大栏面积为 6～7 平方米。金属限位栏一般长 2.4 米，宽 0.7～0.8 米，高 1.2 米，采用 1 寸（3.33 厘米）钢管外框加 4 分（1.33 厘米）钢管栅条，栅条采用实心圆钢，防止被公猪撞变形，间距小于 150 毫米，后备公猪栏间隙小于 120 毫米。为防止腐蚀生锈，对钢管采取整体热浸镀锌处理，镀锌层平均厚度不小于 80 微米。

②配怀车间　传统模式通常采用小群栏。每栏饲养 4～5 头母猪，每头猪平均占地 1.5～1.8 平方米，分娩前一周转入分娩车间。缺点是母猪间易发生咬斗、争食和挤撞，容易导致母猪流产；优点是可改善母猪肢蹄健康状况。

新建现代化规模猪场大多采用限位栏饲养模式。优点：可提高受精率，避免因咬斗、争食和挤撞造成的母猪流产，提高产仔效率；有利于实现上料、供水和粪便清理的机械化操作；可实现根据每头妊娠期母猪膘情确定饲喂量，有利于母猪保持适宜膘情，促进胎儿的健康生长；限位栏已实现量产，安装方便快捷。缺点：设备投资大，母猪活动受限制，容易产生肢蹄疾病。因此也有规模猪场将限位栏和小群栏结合使用，即前期使用限位栏利于授精配种和控制饲喂量，后期采用小群栏保障母猪运动量，提高母猪的抵抗力，减少发病。

母猪限位栏（图 2-21）为金属结构，规格一般是长 2.2～2.4 米，宽 0.58～0.70 米，高 1～1.1 米。栏架采用 1 寸或 6 分钢管

图 2-21　母猪限位栏

外框加 4 分钢管栅条的形式，栅条间距，成年母猪不宜大于 150 毫米，后备母猪不宜大于 120 毫米。非洲猪瘟疫情较为严重的情况下，栏架可采用全实心圆钢结构，外框 φ20 毫米、栅条 φ14 毫米或 φ16 毫米。该结构没有钢管结构的镀锌工艺孔，不会藏污纳垢，无死角，可完全清洁。小群栏规模通常约为 12 头，采食区需要分隔开避免吃料时争斗（图 2-22）。为防止腐蚀生锈，金属栏应整体热浸镀锌处理，镀锌层平均厚度不小于 80 微米。

　　当前通常采用单料槽饲喂，也可在猪头部位置用不锈钢板、PVC 或者 PP 空心板隔断，以通槽分段的形式，将限位栏分成约

图 2-22　母猪群养栏

10 栏一个小区域，阻断猪只的接触以降低疫病的传播，也便于管理操作。

③分娩车间　母猪产仔和哺乳是养猪生产中最重要的环节。营造安全、舒适的分娩环境，对提高仔猪成活率、促进仔猪生长发育、提高母猪的哺乳和体力恢复都非常重要。

分娩栏，通常设置为双列或四列，分为高床和地面两种结构。新型分娩栏一般为（2.1～2.4）米×（1.6～1.9）米，栏体分为母猪区、仔猪活动区和仔猪保温休息区（图 2-23）。其中母猪区限位架宽 0.6～0.7 米，高 0.9～1.1 米，可限制母猪活动范围，方便哺乳，防止压伤仔猪。食槽及饮水器均设置在限位架前部，后门供母猪上下床。分娩栏的地面为漏缝地板，仔猪活动区和仔猪保温休息区为塑料漏缝板，母猪区通常为铸铁漏缝板或三棱钢漏缝板。母猪限位架可采用钢管或实心圆钢材料，为防止腐蚀生锈，金属部分进行整体热浸镀锌处理，镀锌层平均厚度不小于 80 微米。

图 2-23　分娩栏

④保育车间　目前在国内集约化养猪生产中，保育猪的生产是整个养猪过程中十分敏感且至关重要的环节。因为保育期间

仔猪的增重和健康状况，对其后期的生长发育将会产生重要的影响。有资料显示，断奶后一周内仔猪负增长的个体，要比日增重 100～150 克的个体延迟 10～15 天上市。

保育车间的栏体称为保育栏（图 2-24），规格视猪场养殖规模及工艺决定，一般长 3.6 米，宽 2.1～2.4 米，高 0.7 米，每栏饲养 2 窝断奶仔猪，每头仔猪平均占 0.3～0.4 平方米，栏内床面由塑料漏缝板拼铺而成。为减少通风对断奶仔猪的冷应激，通常采用 PVC 中空板和镀锌管结合的形式，由连接卡固定在塑料漏缝地板上，相邻两栏间隔处设置有一处料箱采食位，供仔猪自由采食，料箱同侧的隔栏上安装仔猪饮水器。栏内塑料漏缝地板上加设橡胶保温垫或采用实心塑料漏缝板，严寒和寒冷地区配置电热板，用于仔猪腹部保温。躺卧休息区域配置保温盖板，盖板上装红外线保温灯，保持温度。

图 2-24　保育栏

⑤育肥车间　育肥车间的栏体一般饲养 2～6 窝的断奶仔猪（即 20～66 头），根据半漏缝和全漏缝形式的不同，每头仔猪平均占 0.7～1 平方米。建设材料通常有金属栅栏（图 2-25）、砌体栏（图 2-26）、混合栏（图 2-27）等。砌体栏因阻碍空气流通，不利于养殖车间通风降温，表面清洁困难等缺点，现已较少使用。在全封闭强制通风养殖车间，金属栅栏利于气体的流动，更好地起到降温的作用，且金属栅节省了更多的空间，提高了养

图2-25　金属栅栏

图2-26　砌体栏

图2-27　混合栏

殖设施利用率。

　　育肥金属栅栏，通常采用钢管加竖向栅条和横向实心圆钢结构，外框为1寸钢管，栅条为4分钢管，高0.9米，栅条间距≤100毫米，横向实心圆钢结构通常为上部角钢加横向多根φ20、φ16、φ12圆钢组成，下密上疏，适于保育、育肥一体式养殖。目前许多专业育肥场或专门的家庭育肥农场，均为断奶仔猪转入饲养，通常采用横向圆钢栏体。

　　育肥大栏可采用每两栏用PVC或者PP空心板隔断、共用料箱的隔栏仍为金属栅栏的形式，将圈舍分成2栏一个小区域，阻断猪只的接触以降低疫病的传播。

　　（2）采食设备

　　①公猪车间　为防止公猪争斗，通常为单头饲养，因此其采食设备通常为单孔铸铁或不锈钢食槽（图2-28）。

图 2-28　公猪单体食槽

　　②配怀车间　配怀车间使用的食槽一般有通槽（图 2-29）和单体食槽（图 2-30）两种。通槽，根据材质可分为不锈钢通槽、树脂混凝土通槽或砌体通槽，按位置可分为地上式或地下式两种。单体食槽，根据材质可分为不锈钢和铸铁两种。采用单体食槽，每头猪独立吃料、饮水，有利于防止疫病传播，但投资较高。一些猪场采用短通槽，约10头猪一个隔断，降低成本的同时也达到减少疫病传播的效果。

　　③分娩车间　分娩车间通常采用单体食槽（图 2-31），食槽分为不锈钢、铸铁、塑料等材质。因分娩母猪的采食量更大，

图 2-29　通槽

图 2-30　单体食槽

其食槽的尺寸相对更大。母猪食槽应便于翻转清洗，以防止残余饲料在食槽内堆积腐败。食槽上方增加一个自由采食器（图2-32），母猪触碰即可下料，可使分娩母猪采食量最大化，以增强其哺乳能力。

图2-31　分娩母猪食槽　　图2-32　自由采食分娩母猪食槽

　　分娩车间的仔猪需配置补料槽（图2-33），补料槽有不锈钢、塑料及铸铁等材质，一般安放在塑料地板或侧墙上。

　　④保育及育肥车间　保育猪和育肥猪通常采用自由采食的饲喂方式，适用的料槽类似。料槽按饲料状态可分为干料料槽和干湿料槽两种；按材质可分为水泥料槽、不锈钢箱式料槽和圆筒形塑料料槽；此外还有电动搅拌的粥料器等（图2-34至图2-36）。料槽应结实

图2-33　不锈钢仔猪补料槽

耐用且需要配有可调节的下料控制设备，以满足不同生长阶段猪的采食量，避免饲料浪费。

图 2-34　圆筒形干湿料槽　　图 2-35　电动搅拌粥料器

图 2-36　不锈钢育肥 / 保育料槽

选择料槽时，需根据各栏的饲养量选择不同规格的料槽，如圆桶型干湿料槽通常可饲喂 35 头猪只。不锈钢箱式料槽应确保每头保育猪有 2.5 厘米的采食空间，育肥猪有 4.0 厘米的采食空间。保育猪采食位的宽度不低于 20 厘米，育肥猪的不低于 32 厘米，采食位之间需要设隔板以防猪只吃料时争斗。

（3）**机械喂料设备**　随着现代化猪场设备的智能化发展，规模化猪场大多采用机械喂料系统，该系统由控制系统、料塔、动力机械设备、输送管道、释放装置、采食装置等一系列设备组成。根据饲料形态，机械喂料分为液态料和干料两种饲喂系统。

①液态料饲喂系统　这是一种利用发酵技术，将饲喂原料按一定的水料比例搅拌为液态形式再进行输送饲喂的喂料系统。该系统具有提高饲料消化率、改善肠道健康状况、降低呼吸道疾病发病等优势，可利用多种餐余副食（如面包片等）作为饲料来源以降低饲料成本。液态料饲喂系统在欧洲国家使用较早，普及度较高，北欧有 60%～70% 的规模猪场采用；我国于 20 世纪 90 年代开始在一些母猪场和育肥场采用液态料饲喂系统，目前仍未得到广泛普及，主要原因是设备成本高、前期投资大、缺乏欧洲的餐余副食原料、残留物易霉变等。但随着养殖端抗菌药减量和畜牧业高质量发展的不断深入，液态饲喂系统特别是液态发酵饲喂系统成为生产安全优质高品质畜产品的有效途径之一，也将会成为畜牧业饲喂方式高效发展的方向。

②干料饲喂系统　目前国内广泛应用干料饲喂系统，该系统操作简单、应用成熟，一般包括料塔及出料、驱动器、输送管线、下料器、下料配件、料管支撑、控制系统等组件。按输送方式，可分为单向传输的绞龙料线和循环输送的塞盘料线两种。

猪场常用的料塔有玻璃钢料塔和镀锌板料塔两种（图 2-37、图 2-38）。玻璃钢料塔采用多种成型工艺，具有耐腐蚀、高强度、密闭防水等优点，缺点是体积过大、运输成本较高。镀锌板料塔整体为带防腐涂层的钢板材质，采用多层组装结构，具有零部件标准化、运输便捷、美观牢固等优点，缺点是坚固螺栓较多、拼装难度高、易漏水。

绞龙料线（图 2-39）多用于直线输送，运输距离较短，适用于单列饲喂，包含绞龙主机、PVC 输送料管、弹簧绞龙等部件。管径通常为 75 毫米、90 毫米、110 毫米，输送效率为

图 2-37　玻璃钢料塔　　　　图 2-38　镀锌板料塔

图 2-39　绞龙输送料管

1.25～3 吨 / 时。塞盘料线可循环输送，运输距离长，适用于多列串联饲喂，包含驱动主机、塞盘链条、输送料管（不锈钢管或镀锌管）、转角轮等部件。管径通常为 48 毫米、60 毫米，输送效率 0.9～1.5 吨 / 时。

随着养殖场规模的扩大，各养殖车间跨度也越来越大，单一的绞龙料线或塞盘料线均难以满足输送需求，因此出现了绞龙带塞盘或塞盘带塞盘等主、副料线组合模式，便于灵活布置料塔和道路。

　　下料器一般分为两种，如配怀车间、分娩车间、公猪养殖车间等需要单体定量饲喂的配量器加下料管（图2-40）；保育车间、育肥车间、后备车间等自由采食的猪群一般使用三通下料管（图2-41）。配量器下料的均配备释放下料装置，可手动或电动控制单列或每单元同步下料，以减小采食应激。

图2-40　配量器下料管

图2-41　三通下料管

料线控制系统控制料线的启动和关闭，实现每天定时上料以及组合料线的有序开闭，包括料位传感器、料线控制器、电缆电线等。新型的全自动料线控制系统，自动采集料塔称重数据，统计日饲料消耗，生成统计报表，联网上传数据，还可自动检测料线系统的运行状态，出现故障自动报警。

自动化机械喂料设备，减少了工人劳动强度，降低劳动力成本，提供精确、连续的饲料输送，减少饲料浪费，提高了饲料利用率。

（4）猪场内部饲料中转　为减少猪场内外车辆、物资等的交叉使用，一般在靠近场区入口处设置中转料塔，场外饲料运输车辆在场区围墙外卸料至中转料塔，中转料塔再将饲料输送到每栋养殖车间料塔。饲料输送形式一般有车辆转运、气动送料、塞盘远程送料。

①车辆转运　各中转料塔出料口处安装螺旋绞龙提升机，将饲料提升一定高度落入场内散装料车中，场内散装料车再按饲料种类配送至不同的养殖车间料塔中。优点：简单便捷，设备投入少，故障率低。缺点：场内需修建配套的饲料运输道路，增加了设计难度和成本，料车转运过程中存在与其他车辆接触的情况，增大了生物安全风险。

②气动送料　由饲料储存仓、输送上料设备、称重设备、气动增压系统、气动关风卸料器、输送管道、气囊阀、气料分离沙克龙、防分级管以及电气控制系统组成。单级气动输送系统输送直线距离约为450米，输送效率为6～12吨/时。优点：密闭管道输送，交叉感染风险低，降低人工成本，降低饲料污染。缺点：设备成本高、前期投资大，不适宜输送粉料，含粉率高的饲料在输送过程中易造成饲料分层，需要高空支撑，建设及维护成本高。

③塞盘远程送料　通过大直径塞盘输送系统输送，包括驱动器、料斗、转角、塞盘及其连接器、输送管、电动落料三通、控

制系统等。管径通常为90毫米、100毫米、160毫米，输送距离为200～400米，输送效率为3～6吨/时。优点：与气动送料相比，设备成本投入低。缺点：输送管线需要高于场内料塔，建设及维护成本高；要求场区料塔呈直线分布，因此复杂地形不宜采用。

（5）饮水设备　规模猪场一般采用自动饮水系统，场区需建设满足全场2～3天需水量的蓄水池，主管道采用地埋方式引至各个养殖车间。配置变频泵供水系统，确保场区恒压供水，保证车间内各饮水设备正常工作。各阶段猪只饮水量见表2-3。

表2-3　各阶段猪只饮水量

猪只类型	饮水量（升/天）	饮水器流量（升/分）
哺乳母猪	＞35	1.8～2
妊娠母猪	20～30	1.5～1.8
哺乳仔猪（21～28日龄）	0.5～1	0.3
7～25千克仔猪	5	0.7
25～55千克生长猪	10～12	1～1.2
55～110千克育肥猪	12～20	1.2～2

通常在各养殖车间设有单独的饮水端组（图2-42），包括减压阀、过滤器、水表、加药器等。减压阀的作用是将管道水压调节至0.2～0.3兆帕，避免水压过高导致饮水器流速过大。过滤器将水里的细沙等杂物过滤掉，避免堵塞饮水器。水表一般采用电子水表，自动采集上传各单元用水量，用以辅助分析判断单元内猪只的健康状况。

图2-42　饮水端组

水线加药器可将水溶性药物按需求精确添加到水线管，具有疗效快、应激小、加药精确等优势，是大群同时给药的有效方法。

养殖车间内的水路管线一般采用 PPR 管、PE 管和 PVC 管三种，根据所处区域选择适宜的材质，南方适宜选用性价比高的 PVC 管，北方宜选耐低温的 PE 或 PPR 管。

栏体饮水器分为直饮式饮水器、杯碗式饮水器（图 2-43）和加水位控制器饮水盘（图 2-44）等多种形式。其中，直饮式饮水器主要有鸭嘴式饮水器（图 2-45）、乳头式饮水器（图 2-46）和防溅式饮水器（图 2-47）三种；杯碗式饮水器，又称饮水碗。饮水器应根据猪只不同生长阶段进行选择和安装。

图 2-43　不锈钢饮水碗

① 公猪车间　在公猪限位栏或单体栏中，一般采用不锈钢直饮式饮水器（图 2-48），安装在侧栏边，每栏 1 个饮水器，安装高度为 750～850 毫米。公猪大栏中也可在侧栏边安装圆形饮水碗（图 2-48），安装高度为 250～300 毫米。

图 2-44　饮水盘加水位控制器

图 2-45　鸭嘴式
饮水器

图 2-46　乳头式
饮水器

图 2-47　防溅式
饮水器

图 2-48　公猪栏直饮式饮水器及公猪栏饮水碗

　　②配怀车间　采用直饮式饮水器，一般安置在限位栏前门左侧或右侧，高度为 750～850 毫米。使用通长食槽的限位栏，也可在每段食槽内加水位控制器（图 2-49），水位控制器自动调节

图 2-49　限位栏水位控制器

供水，当水位低于出水口时自动供水，当水位高于出水口则停水。水位控制器的使用，可有效节约用水、减少污水排放。

　　③分娩车间　在分娩车间的每个单元设置单独的饮水端组，母猪和仔猪分开饮水，设置两套单独的饮水管线。母猪采用直饮式防溅饮水器或饮水碗，以免母猪喝水时喷溅到仔猪，安装位置为限位栏前门左侧或右侧，高度为 600～700 毫米，饮水碗安装高度为 450～550 毫米。仔猪多用固定于围栏边的饮水碗，安装高度约为 100 毫米。

　　④保育及育肥车间　一般采用饮水碗（图 2-50）或两栏共

用带水位控制器的饮水盘。每
8～12头猪配备一个饮水碗，
保育车间饮水碗安装高度为
100～150毫米，育肥车间饮水
碗安装高度为200～400毫米。

带水位控制器饮水盆的安
装高度，保育车间为120毫米，
育肥车间为150～300毫米。

饮水盆或饮水碗的安装位
置需考虑猪群采食、排泄、休
息三点定位关系，严禁将饮水
器安装在排泄和休息区。

图2-50　保育车间饮水碗

（6）内环境调控设备　内环境因素包括温度、湿度、氨气、
硫化氢、二氧化碳、细菌总数和粉尘等，对猪的生长发育、发
情、繁殖等具有不同程度的影响。猪群不同生长阶段都有其最适
环境条件，在此环境条件下，猪的生长性能最佳、繁殖率和成活
率高。利用环境调控设备自动控制养殖车间的环境，以满足猪只
各阶段的需要，应达到《GB/T 17824.3—2008　规模猪场环境参
数及环境管理》中猪舍空气的要求。

①降温设备　目前，规模化猪场夏季使用最广泛的是湿帘—
负压风机的通风模式（图2-51、图2-52）。湿帘表面的水分蒸

图2-51　湿帘

图2-52　负压风机

发时吸收热量，使经过湿帘的空气温度下降，同时相对湿度增加。影响湿帘降温效果的因素有湿帘蒸发冷却效率、室外相对湿度、室外温度。养殖场常用的湿帘厚度为 100 毫米、150 毫米、200 毫米三种，湿帘纸夹角区有 45°×45°、15°×45° 两种。综合考虑蒸发冷却效率和风阻等因素，猪场常用湿帘为厚 150 毫米、夹角为 15°×45°，其在 2 米 / 秒过帘风速下蒸发冷却效率为70%～75%。70% 蒸发冷却效率的湿帘在不同环境下的降温效果见表 2-4。

表 2-4　70% 蒸发冷却效率的湿帘降温效果

室外温度（℃）	室外空气相对湿度（％）	帘后温度（℃）	帘后湿度（％）
25	30	17.6	70.9
	50	19.9	81.6
	70	22.1	90.1
	90	24.1	96.9
30	30	21.5	70.5
	50	24.3	81.7
	70	26.7	90.4
	90	28.9	97.2
35	30	25.5	70.1
	50	28.6	81.8
	70	31.4	90.6
	90	33.9	97.2

养殖车间的夏季通风一般分为隧道通风和垂直通风。隧道通风：新风通过端墙湿帘后水平贯穿舍内，在舍内混合之后，污浊空气经另一侧端墙负压风机排出，可在车间内产生风冷效应，有效降低车间内温度。通风量与风速应满足《GB/T 17824.3—2008

规模猪场环境参数及环境管理》中猪舍通风量与风速的要求。垂直通风：新风经过侧墙湿帘或檐下进风口进入舍内吊顶上方三角区，再经由吊顶通风小窗等进风口均匀地进入养殖车间内，送风至养殖车间各个角落，舍内污浊空气最终通过负压风机排出（图2-53）。垂直通风形式可确保舍内无通风死角，新鲜空气与猪群接触的效率更高，通风均匀度好。

图 2-53　吊顶通风小窗

冬季通常采取垂直通风，变速风机设置为小风量，以达到换气目的。冬季通风也有采用地沟风机的，该模式可大大减少粪沟发酵产生的有害气体向上扩散，有益猪只健康。

规模化猪场夏季降温还可采用喷雾、滴水、空调、冷风机等降温（图2-54）。

喷雾降温系统：喷雾降温系统是利用高压柱塞泵将过滤后洁净水加压，经耐压管线输送至专业喷嘴将其雾化旋转喷出，产生15～90微米的微雾颗粒，水雾迅速汽化吸收室内的热量而产生降温效果。

图 2-54　喷雾装置

优点是设备简单，降温效果明显，但同时又增大了车间内湿度，影响降温效果。如内、外空气相对湿度高，且通风条件不好时，宜进行喷雾降温。

滴水降温系统：一般应用于母猪限位栏和产床，滴水器安装在母猪肩部上方，定时在母猪颈肩部温度感应区低流量滴水，降温效果显著。缺点是降温速度较慢，不能很好地控制整个车间的温度和湿度。

空调降温：在养殖车间内安装空调，不仅可以降低温度，还可以控制湿度，是目前最好的一种降温措施。缺点是成本太高，耗电量大，阻碍大规模推广。

蒸发式冷风机：又称水空调，其降温原理为湿帘蒸发降温。冷风机外侧为湿帘＋循环水泵，热空气经过湿帘，蒸发降温后由内部的高压风机经管道输送到指定区域。冷风机采用正压送风系统，可将冷空气输送到猪只需求的区域，避免了因密闭性不足导致负压通风湿帘失效的问题。但冷风机通风量偏小，需要使用管道配送，存在卫生死角，目前在大规模的养殖车间不实用。

②加热设备　位于我国北方的规模化猪场，通过加厚墙体、增设吊顶、墙体加装外保温层来保温隔热。特别是在寒冷的冬季，车间内保温供暖尤为重要，既可降低疾病的发生，也可通过减少猪只热量消耗，降低饲料成本，提高生长速度。养殖车间内的供暖方式分为集中供暖和局部供暖两种。

集中供暖：在猪场内设置专门的水暖锅炉房或天然气供气站，使用管道将热水或天然气输送至各养殖车间。车间内再采用散热器或空间加热器（燃气加热器）等给车间供热，使车间整体环境维持在所需温度（图2-55、图2-56）。

局部供暖：仔猪对温度尤为敏感，因此分娩车间和保育车间在集中供暖基础上增加局部供暖措施。常见的局部供暖措施有地暖（分电地暖、水地暖）、电热板、保温灯、保温箱等。

图 2-55 燃气加热器 　　图 2-56 翅片管散热器

　　分娩车间保温，一般在产床的仔猪休息区设置保温箱或保温罩，里面加装 175 瓦左右的保温灯 1 个，较冷地区床面上再铺设可拆卸电热板，温度可调可控。也可在地面上设置电热板或水地暖，栏内增加保温灯，保温灯上设置保温罩或保温箱（图 2-57）。

图 2-57 分娩车间电热板、保温灯、保温罩

　　保育车间保温，除采取保温灯加保温罩、电热板措施外（图 2-58），也有在建设过程中在保育栏内预留实心地面，做电地暖或水地暖（图 2-59）。

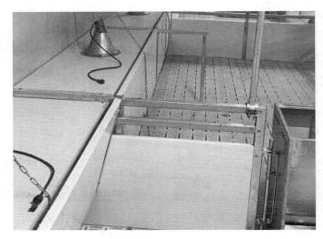

图 2-58　保育车间保温灯、保温罩

图 2-59　地暖管道铺设

　　还有一些新建规模猪场尝试使用热回收通风、地源热泵、空气源热泵等新能源供暖措施，效果较好。

　　（7）空气过滤设备　近几年来，由于非洲猪瘟等疫病防控难度日益加大，猪场生物安全防控要求也日趋严格，很多种猪场或公猪站都增加了空气过滤系统，即在车间进风口处增加空气过滤器，净化进入车间的新风。研究证明，空气过滤系统可以显著切断病原体在空气中的传播途径，有效降低养殖车间内疫病传播风险，减少经济损失。

猪流感病毒颗粒大小为 0.08～0.12 微米，蓝耳病毒颗粒大小为 0.05～0.065 微米，这些病毒颗粒大多依附于尘埃等载体在大气中悬浮，以生物气溶胶的形式存在，生物气溶胶的直径通常都在 0.3～1 微米。

空气过滤系统分为初效过滤（MERV1～MERV8）、中效过滤（MERV9～MERV16），前者对 0.3～1 微米过滤效率几乎为零，后者的过滤效率在 95% 以上。目前我国先进养猪场采用的主过滤器规格是 MERV14、MERV15、MERV16，预过滤多采用 MERV8。因此对猪流感病毒和蓝耳病毒可有效过滤去除。欧美畜牧业生产中使用的均为 F9 级（MERV15～MERV16）过滤器。

空气过滤器的滤芯材质有玻璃纤维、类聚丙烯纤维、复合纤维等，其中复合纤维过滤器风阻低、抗损耐湿性能好，在畜牧行业得到广泛应用。空气过滤器随着使用时间的累积，滤芯风阻会逐渐增加，需要定期更换滤芯来保证车间静压差稳定。预过滤器的滤芯一般半年更换一次或更频繁（根据空气质量情况），主过滤器的滤芯更换频率一般根据静压变化判定，约 3 年更换 1 次。

空气过滤系统效果好，但投资较高，因此一些规模化猪场采用季节性空气过滤设计。秋冬至翌年春季期间是猪呼吸道疾病的高发季节，春季的湿度、温度尤其适合蓝耳病病毒的传播，所以进行秋冬春季节性空气过滤设计，避免了夏季大风量的空气过滤设备需求，大大降低了设备投资成本。季节性过滤不适用于蓝耳病阴性群体生物安全防范和养殖密度高的车间。

（8）清粪设备 传统猪场的猪舍内地面多为水泥实体地面，采用人工清粪或水冲清粪（地面做排污沟），前者人工用量大，后者用水量大、增加养殖场污水处理压力。现代化规模猪场的养殖车间地面多用水泥漏缝板，包括全漏缝和半漏缝，清粪方式主要有尿泡粪和机械清粪两种。

①尿泡粪 在养殖车间漏缝板下的粪沟中储存粪、尿、污

水，定期打开粪沟底部的拔塞，通过管道虹吸作用将沟中的粪水排出。美国多采用深坑储粪形式，约半年清理一次粪沟；国内多采用浅坑拔塞形式，粪沟深度在60～90厘米，2周左右清理一次粪沟。

②机械清粪　用电力驱动粪沟中的金属刮粪板，将粪污从粪沟中刮出。按照刮粪板的形态分为平板刮粪板（图2-60）和V形刮粪板两种（图2-61），后者又叫粪尿分离刮粪板。

图2-60　平板刮粪板

图2-61　V形刮粪板

平板刮粪板，匹配粪沟截面为水平坡底，随清粪方向设置向下的坡度，利于平板刮粪板将粪沟中的粪、尿一起随坡刮出，工艺简单，操作方便快捷。

V形刮粪板（粪尿分离刮粪板），对应的粪沟截面呈"V"形坡底，坡底中间设置导尿管，将粪沟中的粪和尿分离，尿液通过导尿管向刮粪的相反方向自流排出，刮粪板则将剩余干粪随刮粪方向刮出。粪尿分离刮粪对施工的准确性、材料强度要求较高，否则容易造成粪沟变形、开裂，影响设备的正常运行，增加后期设备维修成本。

目前，国内使用的V形刮板多为加导尿管的粪尿分离刮粪板，施工难度大。法国为了保证地沟沟底的精度，降低现场施工难度，采用混凝土预制件的方式，目前在国内也有项目开始采用。

刮粪板清粪设备投资大，运行维护成本高，但舍内粪污存储时间短，后端粪污处理难度降低。因此在养殖业环保要求严格政策背景下，刮粪板清粪方式在很多地区的养殖车间建设中备受青睐。

（9）**照明设备**　光照是猪只生长环境的重要因素之一，不同生长阶段的猪群都有其适宜的光照强度和光照时间。

成年公猪的适宜光照强度是 100～150 勒。充足的光照可以刺激公猪下丘脑分泌促性腺释放激素，可显著改善精液品质。

配种阶段的母猪适宜光照强度为 50～100 勒。适宜光照可提高母猪配种受胎率，减少妊娠期胚胎死亡，增加产仔率和初生重。妊娠阶段，尤其是妊娠中后期，母猪适宜的光照强度减弱为 50 勒以下，这有助于提高哺乳仔猪免疫力，减少发病率。50～100 勒的光照可以刺激哺乳母猪催乳素的分泌，泌乳量显著增加，哺乳频率提高，从而提高断奶重和仔猪断奶成活率。光照太强会导致母猪流产。

配怀车间和后备车间也可在养殖栏体上加装 LED 诱情灯，增加光照利于刺激母猪发情。

保育猪的适宜光照强度为 50～100 勒，可增加平均日采食量、平均日增重和饲料转化率。育肥猪的适宜光照强度为 50～100 勒。

传统猪舍的栋舍较小，多采用自然采光的形式。但随着行业的发展，大跨度全封闭猪舍越来越普遍，车间内光照几乎完全由照明设备提供，根据各阶段猪群的照明需求设置合适的照明设备。照明设备主要有节能灯、T8 型标准直管荧光灯和 LED 灯。其中 LED 灯具有防水、防火、防氨气等优点，在新建猪场中广泛应用，且安装方便，效果显著，还能定制不同色温的灯管，为猪群提供舒适健康的人工智能照明环境。

三、洗消中心环境控制

近年来，随着我国生猪疫情防控形势日益严峻，特别是

2018 年非洲猪瘟传入我国以来，生物安全受到了各级政府和养猪业从业人员高度重视。针对如何切断猪场与外部环境的疫病传播，农业农村部先后出台了相关规定和技术指导。建议规模猪场建设应用洗消中心。主要目的一是切断疫病传播途径，二是降低外部物资进场、猪只转场、销售所带来的疫病传播风险。

（一）科学选址

洗消中心应选在离猪场 1～1.5 千米的区域，离猪场太近易对猪场形成生物安全威胁，太远会导致清洗消毒后的车辆在洗消中心到猪场的行驶途中再次污染；位于猪场常年主导风向的下风处；远离屠宰场和其他猪场；与其他动物养殖场的距离应在 500米以上。

洗消中心选址还应考虑道路交通便捷，特别是要注意猪场至中转站间的道路生物安全可控，电力供应有保障，有清洁充足的水源，同时要便于污水处理。

（二）设计规划

车辆洗消中心一般分为 2 个区域，即清洗消毒区（污区）和烘干消毒区（净区）。功能单元包括值班室、洗车房、干燥房、物品消毒通道、人员消毒通道、司乘人员休息室、动力站、硬化路面、废水处理区、衣物清洗干燥间、污区停车场及净区停车场等。高标准的洗消中心还应设立 1 个监测实验室，对水质、消毒剂及洗消工具进行检测，同时对消毒效果进行监测评估，确保洗消彻底。净区位于上风处，与污区间以围墙或绿化带隔离。车辆、人员和物品严格实行由污区到净区的单向洗消流程。

洗消中心建设布局应根据场地形状和地势而定，一般分为直通式（图 2-62）和并列式（图 2-63）两种。

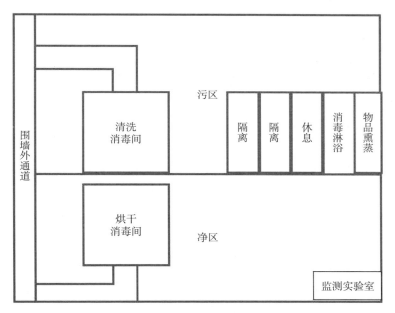

图 2-62　直通式车辆洗消中心整体布局示意

（一级隔离区 40 米×80 米）

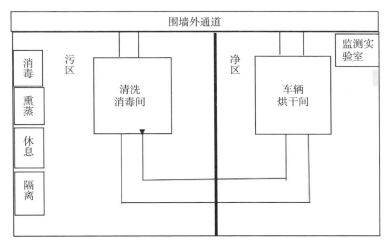

图 2-63　并列式车辆洗消中心整体布局示意

（一级隔离区 40 米×60 米）

（三）建设及设施设备

清洗消毒区（污区）和烘干消毒区（净区）无交叉污染；清洗和消毒关键点无死角，根据需求设定设备参数指标；操作便捷、高效、安全；清洗消毒可控、可监督；设备成本可接受、售后服务有保障。

1. 清洗消毒间

车辆清洗消毒间的大小根据猪场规模和未来发展、饲料物料最大引入量、运猪车型号确定，需满足最大型车辆进出便利，考虑车辆长、宽、高、拐弯半径、车辆与墙体两侧距离等。规模猪场常用车辆有散装饲料运输车和仔猪转运车（图 2-64）。

图 2-64　仔猪转运车

清洗消毒间一般分为砖混式或简易式，其旁设置储物间，用于设备的放置和操作。根据当地气候条件选择消毒间类型，当地最低气温 0℃ 以下的，建议采用砖混式，还要采取保温措施，确保水线不结冻。清洗间内墙壁应平整光滑，地面整洁，并有一定坡度利于污水排放。清洗是消毒（烘干）的基础，故必须重视清洗的洁净度。

设备主要有冷 / 热高压清洗机（图 2-65）、清洗系统、高压热水锅炉、清洗平台、沥水台、底盘清洗机、PM2.5烟雾熏蒸机、水处理系统、自动化控制系统、泡沫喷淋消毒系统等。清洗压力为20兆帕，出水量在15升/分以上。

图2-65　热水高压清洗机

2. 烘干消毒间

烘干消毒间的规模根据每天烘干车辆的数量和能耗确定。其面积要与清洗间相匹配，做到保温、节能，可选用保温板、岩棉等保温；烘干间地面要有5%左右坡度，利于沥水。一般分为专业版烘干间（图2-66）和标准式烘干间（图2-67）。

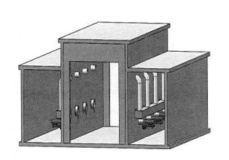

图2-66　专业版烘干间

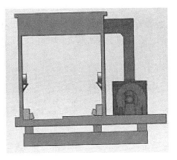

图2-67　标准式烘干间

烘干能源的选择应因地制宜，一般情况下耗能成本从低到高为天然气、柴油、电。

常用运输车辆所使用的橡胶制品及塑料制品的耐受温度一般不超过65℃，如果长时间处于65℃及以上的高温环境下，容易引起电器线路、密封件等损害，甚至引发制动失灵或者汽车自燃。建议车辆表面温度达到65℃，烘干30分钟即可。

加热模式分为直接加热模式、标准加热模式和热风内循环

64

模式。

直接加热模式：一般使用燃油热风炉或电热风炉。优点是一次性投资低，缺点是耗能高、运行成本高、加热温度分布不均匀，特别是对车辆内侧、箱体、底盘等处的加热效果不好，难以达到杀菌目的。

标准加热模式：其烘干设备包括烘干消毒主机、温度监测、高温高湿轴流风机、高温高湿排湿风扇、耐高温线缆、PLC智能触摸屏控制系统等。其在直接加热模式的基础上根据洗消车辆的数量、温度和时间配备不同数量的设备，建设灵活（图2-68、图2-69）。

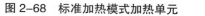

图 2-68　标准加热模式加热单元　　　图 2-69　标准加热模式（室内）

热风内循环模式：采用的烘干设备主要包括燃气、油、电燃烧炉、高功率扰流风机、自动化控制系统、集中供气（供油）系统、循环风系统、测温系统等。优点是可将热风输送到不同部位，能耗低，升温速度快，热量利用率高，风速大，空气单向流动，节约能耗40%～70%。缺点是一次性投资稍高（图2-70、图2-71）。

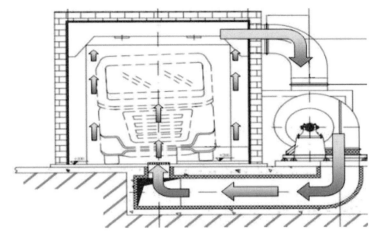

图 2-70　热风内循环模式示意图

图 2-71　热风内循环模式（室内）

3. 人员消毒通道

人员消毒通道多采用超声波雾化消毒系统，布局依地形、地势而定。消毒时间和程序根据气温、消毒液种类调整。选择消毒液要考虑主要病原微生物种类、温度和安全性，严格按照说明书进行配比，保证消毒效果。消毒通道通常长 3～5 米、宽1.2～1.5 米、高 2～2.5 米。

第三章
生物安全控制管理

　　猪场生物安全体系是确保猪群健康所采取的一系列综合防控措施的集成，广义的生物安全贯穿养猪环节的各个方面，一般包括良好的猪只生活环境、有效地切断病原微生物的传播途径、保护猪群健康等一系列综合防范措施。它包含了外部生物安全和内部生物安全两方面，外部生物安全措施是防止新的疫病或新的病原微生物引入到猪群中或传播到猪场，也就是以堵为主；内部生物安全措施主要是控制场内病原在猪群间、人猪间相互感染循环，是减轻或消除在猪群中已经存在的疫病蔓延，以净化和消除为主。

　　本书其他章节论述的环境安全控制管理、抗菌药减量化控制等均属于生物安全管理的范畴。本章重点阐述猪病防控中的疫病风险管理与环境保护方面的生物安全管理。

一、疫病防控的主要措施

　　做好猪场生物安全工作是所有疫病预防和控制的基础，也是最有效、成本最低的健康管理措施。虽然并非所有的危险都可以消除，但良好的生物安全管理能减少病原体接触动物的机会，最大限度保障动物的健康和生产力。要想做好疫病防控，首先要做好猪场的清洁卫生与消毒，清洁卫生的环境可以有效防止病菌的滋生和疫病在猪群间的传播。

（一）场内卫生与消毒

1. 常规清洁和消毒

清洁是消毒的前提，有机物的存在影响消毒剂的杀菌效果，因此在消毒前要先做好场区的彻底清洁工作。及时打扫养殖车间内外的道路、地面等。每周至少1～2次彻底打扫养殖车间、窗台、梁柱、风扇、水帘等处灰尘和蜘蛛网。空栏后彻底清洁，扫除屋顶梁柱、墙壁上的蛛网、尘埃，铲除地面、墙体上的粪便和料槽剩料。地面及高1～1.1米的墙壁，先泼水浸泡2～3小时，然后用高压水枪冲洗干净晾干，再用泡沫清洗剂由下至上喷洒，浸泡30分钟，之后高压水枪由上至下冲洗干净。

2. 定期消毒

结合平时的饲养管理，对养殖车间、场地、进出场车辆等进行常规带猪及人员消毒。保持生产区环境卫生，定期彻底清理生产区的杂草、垃圾和杂物，养殖车间外的过道、装猪台、生物坑为消毒重点，2%氢氧化钠和0.05%过氧乙酸交替使用，每周彻底消毒1～2次。场区门口消毒池内灌注2%氢氧化钠，每周需更换1次。

生产车间按规定打扫干净后，用0.1%过氧乙酸对圈舍、地面、墙体、门窗和猪只体表等进行喷雾消毒，每周带猪喷雾消毒2次；用消毒药彻底消毒养殖车间内所有表面以及设备、用具等。必要时，可先用2%～3%氢氧化钠溶液对整个养殖车间包括地面、栏位、粪沟等喷洒或浸泡，30～60分钟后用清水冲洗，或加清洗剂清洗，彻底冲洗后用3%氢氧化钠消毒24小时以上，再用高压喷水枪冲洗干净，晾干后使用氢氧化钙溶液（俗称石灰水）进行白化，封闭门窗待用。

3. 紧急消毒

紧急消毒是在发生或高度怀疑即将发生较大疫情时采取的消

毒。发生疫情的车间一切用具、器械不得移出该栋舍，废弃物能燃烧的焚毁，不可燃的浸入3%氢氧化钠溶液中24小时。发病猪集中隔离，增加消毒次数，隔离区（栏）在猪只移出后立即高压冲洗干净，加强消毒。在规定的空栏时间后才可进猪。

4. 消毒剂的选择使用

消毒剂品种类繁多，按其性质可分为：醛类、醇类、碘类、酸类、碱类、卤素类、酚类、氧化剂类、挥发性烷化剂类等。常用消毒剂使用方法见表3–1。

表3–1 常用消毒剂的使用方法

类别	名称	常用浓度	用法	用途
碱类	氢氧化钠	2%～5%	喷洒	消毒池及路面、运输车辆、养殖车间消毒
	生石灰	10%～20%	洒、刷	空栏时的道路、栏体消毒
醛类	戊二醛	1∶(100～200)	喷洒	栏体、车辆消毒
酚类	复合酚	1∶(100～300)	喷洒	环境、空栏、带猪、消毒池、车辆消毒
季铵盐类	新洁尔灭	0.1%	浸泡	手术器械、饲槽消毒
	百毒杀	1∶(100～300)	喷雾	养殖车间内外环境、车辆、带猪消毒
酸类	农福	1∶200	喷雾	养殖车间内外环境、带猪消毒
卤素类	有机氯	1%	喷雾	环境及带猪消毒
	碘类	2%～5%	喷雾	环境及带猪消毒
氧化剂类	高锰酸钾	0.1%	浸泡	皮肤及创伤消毒
	过氧乙酸	0.5%	喷雾熏蒸	养殖车间内外环境消毒
醇类	酒精	75%	外用	皮肤创伤及器械消毒

注：带猪消毒的浓度也用于人的喷雾、洗手等消毒。

消毒剂的选择应遵循“高效、安全、稳定、经济、方便”的原则。所选用的消毒剂应具有强大的杀灭细菌和病毒的能力；安全无毒性和残留性、刺激性小，无特殊的臭味和颜色；药剂的有效期长且稳定，与其他消毒剂无配伍禁忌；价格低廉，使用方便，容易购买。选择消毒药时，一是要考虑猪场常见疫病种类、流行情况、消毒对象及猪场条件等，选择适合自身实际情况的 2 种或 2 种以上消毒药物；二是要考虑本地区猪群疫病流行情况和疫病的可能发展趋势，使用或储备 2 种或 2 种以上消毒药物；三是要定期开展消毒药物的效果监测，依据实际效果选择消毒药物。

消毒前要保证消毒对象的清洁卫生；消毒剂必须彻底将消毒面打湿，一般消毒药液用量为 0.3 ～ 0.5 升 / 米 ^{2}；消毒作用时间不得低于 30 分钟；消毒剂要现配现用，混合均匀，避免边加水边消毒现象；不同性质的消毒液不能混合使用；甲醛熏蒸消毒时，保持车间湿度，确保车间密封性；定期交替使用消毒剂；消毒操作人员做好自身防护，避免发生烫伤、灼伤、吸入等事故，应做好岗前培训。

（二）疫病防控的主要途径

传染病流行必须具备三个基本要素：传染源、传播途径和易感动物。传染源是指体内有病原体生长、繁殖并且能排出病原体的人和动物，包括病人、病原携带者和受感染的动物。病原体就是能引起疾病的微生物和寄生虫的统称。病原体从传染源排出体外，经过一定的传播方式，到达与侵入新的易感者的过程，谓之传播途径。传播途径实际上就是病原体的媒介，或者叫传播介质。凡是能被感染的动物，都叫作该疫病的易感动物。这三个要素必须同时存在，才能构成传染病的传播；只要切断这个链条中的任何一个环节就能控制传染病的发生。因此，猪场生物安全管理要控制好猪只调运、隔离观察、科学喂养、免疫接种、疫病监测与检测、疫病净化、药物预防、消毒等几个最基本的环节。

1. 传染源安全控制

（1）猪只的引进 种猪场要从具有《种畜禽生产经营许可证》的种猪场购买。种猪购买方要取得出售方的检疫证明，向出售方详细咨询所购买的种猪健康情况，包括猪群健康状况、既往史、个体疾病状况、疫病检测情况、疫苗接种情况以及饲料或饮水中使用哪些药物添加剂等。这些信息的收集便于分析和掌握引进猪只的总体健康状况，有利于采取相应的防控措施，避免引进猪只存在的健康隐患，减少疾病的发生。

（2）隔离 引进染病猪是病原入侵猪场的最大风险。被引进的后备母猪，不论从地理位置、气候条件、饲养水平、防疫程序等都和本猪场有很大的区别，加之转运、路途的应激，以及原有猪场的隐性疫病感染，都有可能诱发并传播一些疾病，带毒猪、病猪与易感猪之间直接接触是疾病传播最快、最直接的途径。对引进猪只进行隔离，可有效避免疾病传播。

大型规模猪场提倡建立全封闭独立的隔离饲养场区，距离其他猪群越远越好，最好超过 3 千米。隔离场的建设标准应不低于动物疫病防控条件所规定的要求。

隔离区域的建设要结合本场的养殖量，匹配合适的隔离圈舍。隔离猪舍要建立单独的粪污处理系统，避免通过粪便储存和排放造成疫病传播。保障清洁的水源和饲料。隔离车间要有专门的工作人员，且只能在隔离车间工作，实施对隔离猪只的饲养管理、群体观察、药物预防、疫苗免疫及疾病防治工作。

应为隔离猪群提供干净、干燥、舒适的生活环境，防止与任何其他猪、家畜和野生动物直接接触。隔离车间的用具、设施设备不能带出隔离区。

隔离的猪只要全进全出，隔离车间猪群转移后必须对隔离车间进行全面清洗消毒、空圈后才能进住新的猪只。猪群转移后要将剩余的饲料等投入品进行清除，隔离区域不留死角彻底消毒。

种猪最佳隔离时间为 60 天以上，30～60 天次之。隔离期间每天要密切观察所有隔离猪的健康情况，并在隔离期间定期（如：14 天、30 天和混群前）针对引进猪只的特定病原感染情况及重点疫病免疫接种情况进行病原学和血清学的检测，评估猪群的健康状况，适时接种疫苗，实施药物预防。隔离到期依据监测情况进行健康评估，经确认合格后方可混群饲养。

被隔离的猪混群前要进行混养试验。猪只在被隔离 35 天左右时，如果外观群体健康，可以选择本猪场健康的淘汰母猪 1 至数头和被隔离的猪只一起混合饲养，如两者都不发病，说明两猪场之间疾病交叉感染的可能性很低，可以并场。并场前要对被隔离的猪只其进行清洗、消毒。

（3）病死猪的无害化处理　兽医和饲养人员每天巡视发现的异常猪只应及时报告相关人员，并尽快做出判断采取相应措施，以防止疫病发生和流行，对病死猪只必须做无害化处理。

2. 传播途径安全控制

（1）人员管理　猪场应限制外来人员入内，减少非必要的外来人员进入。建议在场区周围及场区入口处张贴生物安全标识，提示外来人员了解生物安全的重要性，场内圈舍的门上要张贴限制进入的标识。必须要进入猪场的外来人员要经猪场批准后方能入场。猪场负责人应在外来人员进场前做好宣讲，以便让外来人员了解猪场生物安全程序和政策。对来访人员必须登记，并确保最近 2 周内没有接触病死猪，近期也没有海外旅行，没有发热或类似流感症状；最近一次接触健康猪只后，已洗澡、换衣服。进场前要洗澡，换上猪场提供的已消毒的衣服和靴子，猪场要有专门的、区分来访人员和工作人员的衣物，各猪舍的服装也应能直观地区分，并在规定的地点用规定的容器收集被污染的衣服和胶鞋并统一进行消毒。

猪场员工应学习并严格遵守生物安全措施，采取封闭管理。饲养人员原则上一批猪未出场前不得离开养猪场，也不得在非本人管理区域内出入，不允许接触其他猪群。员工进入生产区要严格遵守生物安全制度中的规定，一般要求淋浴并换上生产车间专用的衣服和靴子等。员工的出入要履行请销假手续，还要执行隔离消毒制度。员工与其他养猪场或猪群有过接触，在进入猪场前要进行场外隔离3天。员工如出现流感样症状或其他人畜共患病症状则不能上班。

（2）**生产工具及物资管理**　生产工具包括运输工具、饲养工具、其他设备等。当含有致病因子的污染物附着在车辆、工具、器械、设备上时，就成为传播猪病病原体的媒介。建议规模猪场自备场内车辆、工具和设备，并且自己维修，只有完全属于猪场或受猪场控制的车辆、器械、工具才能在猪场内使用，避免从其他猪场借用。猪场自己的专用运输车辆、器械及饲养工具每次使用后都要清洗、消毒并干燥，且圈舍间的饲养用具不得交叉使用，这是防止疾病进入猪场并在猪群之间传播的有效方法之一。

员工生活用品、猪场使用的饲料、药物、疫苗等外包装也可能携带病原。因此，凡是进入猪场的所有物资都必须消毒。

（3）**生物媒介的控制**　老鼠等啮齿类动物是养殖业甚至是人类的公害，蚊、蝇、蜱、虱、螨等也是养殖业的大敌，这些生物媒介可传播多种猪病。应定期检查和维护猪场围墙、围栏等设施设备，以防止野生动物、猫、狗及其他生物媒介的进入。要严格执行生产流程和防疫制度，定期检查猪场各区域尤其是职工宿舍及食堂、饲料储存区、猪舍是否存在老鼠粪便和洞穴，及时灭鼠。控制生产区内及周围的植被生长，及时清除垃圾、杂物、散落的饲料、动物尸体以及积水等。严格执行驱虫制度，定期驱除体内外寄生虫。

（4）**场区和猪舍的消毒**　猪场要建立严格的消毒制度并实施。消毒是用物理或化学方法将污染在环境、用具等物品上的病原体消灭，以切断传播途径，阻止和控制疫病的发生。

3. 易感猪群安全控制

猪只对传染病易感性的高低虽与病原体的种类和毒力有关，

但主要还是由猪只本身的遗传特征、特异免疫状态等因素决定的。外界条件如饲养管理、气候、饲料等因素都可能直接影响其易感性和病原体的传播。

（1）**营养**　猪的营养来自猪的饲料。猪饲料通常是由蛋白质饲料、能量饲料、粗饲料、青绿饲料、青贮饲料、矿物质饲料和饲料添加剂组成。饲料配比不平衡就会导致猪营养过剩或营养不足，营养不平衡会引起猪只本身发生营养不良性疾病，同时也会降低猪只的免疫能力，影响着几乎所有疾病的发生、发展和转归。所以，严格按照饲养标准，给予全价营养、新鲜、优质的饲料是保障猪只健康的前提。

（2）**药物预防**　合理用药是防控常见猪病的一项重要手段，猪场应根据本场的猪病发生情况，结合以往的用药效果，在了解疾病和药物作用的基础上，制定适合本场的药物预防计划及疾病治疗方案。

猪场要定期驱虫，按照驱虫计划和程序，选定药物。在有某些细菌性疾病存在的猪场，要结合疫苗的使用，在做好综合防控措施的基础上，可以配合抗生素、中草药等药物的使用进行预防。

已发生疾病的猪只要做到早发现、早隔离，对群体采取早预防早治疗，对无治疗价值的病猪要尽早淘汰，以免疾病在猪群传播。要针对病猪的具体病情，选用药效可靠、安全、方便、廉价易得的药物制剂。任何药物合理应用的先决条件是正确的诊断，没有对动物发病过程的认识，药物治疗便是无的放矢，不但没有好处，反而可能影响诊断，耽误疾病治疗。反对滥用药物，尤其不能滥用抗菌药，以免产生耐药性菌株。因此，猪场应尽量进行药物敏感试验，选择有高度敏感性的药物用于防治，同时要从公共卫生角度出发，安全、有效、适时、简便、经济地使用药物。

（3）**免疫**　免疫是指机体免疫系统识别自身与异己物质，并通过免疫应答排除抗原性异物，以维持机体生理平衡的功能。免疫又分为非特异性免疫和特异性免疫。非特异性免疫又称先天免疫或固有免疫，指机体先天具有的正常的生理防御功能，对各种不同的病原微生物和异物的入侵都能做出相应的免疫应答。是猪只在漫长进化过程中获得的一种遗传特性，是一生下来就具有的。特异性免疫又称获得性免疫或适应性免疫，这种免疫只针对一种病原体。它是机体经后天感染（病愈或无症状的感染）或人工预防接种（疫苗、类毒素、免疫球蛋白等）而使机体获得的抵抗感染能力。一般是在微生物等抗原物质刺激后才形成的（免疫球蛋白、免疫淋巴细胞），并能与该抗原起特异性反应。特异性免疫需要经历一个过程才能获得。

对猪实施免疫接种就是激发机体产生特异性抵抗力，使易感某种疾病的猪只转化为非易感的一种常用手段。有组织有计划地对整个猪群进行免疫接种，是预防、控制传染病和保障猪场安全生产的重要措施之一。合理的免疫工作可以提高猪群的抵抗力，从而有效降低病原微生物对猪场造成的危害。免疫接种又可以分为预防接种和紧急接种。预防接种指在经常发生某些传染病的地区，或有某些传染病潜在地区，或经常受到邻近地区某些传染病威胁的地区，为了防患未然，在平时有计划地给健康猪群进行免疫接种。根据生物制剂品种的不同，采用不同的接种途径接种。紧急接种指在发生传染病时，为迅速控制和扑灭疫病的流行，对疫区和受威胁区尚未发病的畜禽进行的应急性免疫接种。在疫区应用疫苗做紧急接种时，必须对所有受到传染威胁的畜禽逐头进行详细观察和检查，仅能对正常无病猪只进行紧急接种。

①制定免疫程序和免疫计划　根据当地猪病的流行情况、流行特点，结合本场猪群免疫抗体水平的高低，制定免疫程序和接种工作计划，包括猪群类别、疫苗种类、接种途径和方法、接种疫苗的恰当时间等（表3-2）。

表 3-2　猪场推荐免疫程序

分类	疫苗种类	日期	剂量	部位
仔猪	伪狂犬疫苗	出生当日	1 头份	滴鼻
	补铁补硒疫苗	3 日龄	1.2 毫升	颈肌注射
	支原体疫苗	7 日龄，2—4 周后二免	1 头份	颈肌注射
	圆环病毒疫苗	14 日龄，4 周后二免	1 头份	颈肌注射
	猪瘟疫苗	21 日龄	1 头份	颈肌注射
	伪狂犬疫苗	35 日龄	1 头份	颈肌注射
	口蹄疫疫苗	45 日龄	2 毫升	颈肌注射
	猪瘟疫苗	55 日龄	1 头份	颈肌注射
	伪狂犬疫苗	65 日龄	1 头份	颈肌注射
	口蹄疫疫苗	75 日龄	3 毫升	颈肌注射
	口蹄疫疫苗	110 日龄	3 毫升	颈肌注射
经产母猪	猪瘟疫苗	每年 3、7、11 月各 1 次	2 头份	颈肌注射
	伪狂犬疫苗	每年 2、5、8、11 月各 1 次	2 头份	颈肌注射
	口蹄疫疫苗	每年 2、6、10、11 月各 1 次	4 毫升	颈肌注射
	传染性胃肠炎、流行性腹泻、轮状病毒三联活疫苗	产前 40 天、产前 20 天各 1 次	1.5 头份	后海穴注射
	细小病毒疫苗	产后 14 天	1 头份	颈肌注射
	乙脑疫苗	每年 4 月	2 头份	颈肌注射
后备公母猪	伪狂犬疫苗	170 日龄	2 头份	颈肌注射
	口蹄疫疫苗	180 日龄	4 毫升	颈肌注射
	乙脑疫苗	190 日龄	2 头份	颈肌注射
	细小病毒疫苗	200 日龄	1.5 头份	颈肌注射
	猪瘟疫苗	210 日龄	2 头份	颈肌注射
	细小病毒疫苗	220 日龄	1.5 头份	颈肌注射
种公猪	猪瘟疫苗	每年 3、7、11 月各 1 次	2.5 头份	颈肌注射
	伪狂犬疫苗	每年 2、5、8、11 月各 1 次	2 头份	颈肌注射
	口蹄疫疫苗	每年 2、6、10、11 月各 1 次	4 毫升	颈肌注射
	乙脑疫苗	每年 4 月	2 头份	颈肌注射

注：种公猪免疫后 7 日内禁止参加配种，每种疫苗接种间隔至少为 5～7 天；所有品种疫苗稀释必须按照产品使用说明书进行。

②疫苗的选择、运输与保存　根据免疫程序和免疫计划，选购农业农村部批准的正规生物制品厂家生产的疫苗，查看批准文号的有效期。

疫苗在夏季运输时，应采用降温设备；冬季运输灭活疫苗则应防止冻结，做好保温，防止温度骤变和反复冻融。

温度是影响疫苗效力的主要因素，疫苗标签和说明书对保存温度有明确规定，要严格按照温度要求妥善贮藏。在贮藏过程中，应保证疫苗的内外包装完整无损，以防被病原微生物污染和无法辨别其名称、有效期等。超过有效期的生物制品必须及时清理及销毁，销毁时不可随意丢弃，应集中无害化处理。

③免疫前猪只的健康状况检查　猪只群体应在健康状态下接种疫苗，对于发病或精神、食欲、体温不正常的个体不予接种；瘦弱、幼小、妊娠期母猪谨慎接种或延缓接种。

④免疫前的人员、器械及药品准备　免疫接种人员应该为执业兽医，接种时要做好防护，穿戴防护服、防护靴、防护帽、防护目镜、防护口罩、手套等。设专人做好接种记录。

根据猪只体重和免疫途径的不同，准备所需要的相关器械。常用器械有注射器、针头、滴管、剪毛剪、镊子、疫苗冷藏箱、冰袋、体温计、听诊器、废弃物收纳容器等。所有用具要严格消毒，建议使用一次性注射器。若使用金属注射器，必须对注射器和针头分别清洗，煮沸 10 分钟或高压灭菌后使用，不能使用化学消毒剂处理，否则残留的消毒剂会使弱毒苗失活。

常用消毒剂有肥皂、75% 酒精、2% 碘附。抗应激抗过敏药品有 0.1% 盐酸肾上腺素、地塞米松磷酸钠、强的松等。

⑤疫苗使用前的检查、准备和配置　检查疫苗瓶有无破损、瓶盖密封度、标签完整程度、有效期，若疫苗出现色泽改变、发生沉淀、破乳、有异物、霉变、有摇不散的凝块、有异味、无真空等，一律不得使用。

详细阅读疫苗使用说明书，了解疫苗的用途、稀释倍数、剂量和接种方法，严格按照说明书规定进行使用。

使用前将疫苗和稀释液的温度回至室温后稀释配置。按使用说明书的稀释倍数稀释，稀释后的疫苗应放在避光阴凉处，2小时内用完。油苗使用前应从冰箱取出后在室温预热2小时后使用。稀释疫苗时先除去稀释液和疫苗瓶封口的火漆或石蜡，用酒精棉球消毒疫苗瓶塞和稀释液瓶塞，待酒精挥发后，用注射器抽取稀释液，紧贴瓶壁注入疫苗瓶中，避免产生大量气泡，手动混匀疫苗，使其完全溶解后补充稀释液至规定量（如原疫苗瓶装不下，可另换一个已消毒的大瓶）。

使用前轻轻混匀，用75%酒精棉球消毒疫苗瓶瓶塞，待酒精干后，抽取疫苗。抽取疫苗时，可用一灭菌针头，插在瓶塞上不拔出专供吸疫苗用，包裹挤干的酒精棉球防止针头尾部受到污染。严禁同一支注射器混用多种疫苗。

⑥免疫途径和方法　注射疫苗时一定要对注射部位进行消毒，可选用碘附由内而外螺旋式涂擦消毒，待消毒液干后接种注射。

肌肉注射免疫，多选择颈部肌肉注射，在耳后2～3厘米耳根上部水平线与耳根下部水平线之间的区域，术部剃毛消毒，与皮肤呈90°角刺入针头的2/3，回抽未见血液流出，缓慢注射。药物注入完毕后，一只手迅速拔出注射器，另一只手拿无菌干棉球紧压注射部位片刻。

胸腔注射部位在右侧胸壁，倒数第六和倒数第七肋间与坐骨结节向前做一水平线的交点（即"苏气穴"）。沿倒数第六肋前缘与胸壁成垂直插入细长针头。注射前需先剪毛消毒，左手将注射点处皮肤向前移动0.5～1厘米，再插入针，回抽为真空，缓慢注入疫苗，撤针消毒局部。

后海穴注射，部位在尾根下肛门上之间的凹陷处，3日龄仔猪进针深度为0.5厘米，随猪龄增大而加深。

滴鼻免疫，一定要确保疫苗被吸入鼻腔后才可解除保定。

⑦注意事项和应激处理　要掌握本地区及本场传染病的流行情况，有针对性地选择免疫预防。疫苗使用不是越多越好，尽量避免两种或两种以上疫苗同时使用。

接种活菌苗前后5～7天不使用抗生素及抗病毒药物，也不能饲喂含抗生素及抗病毒药物的饲料、添加剂。同时应尽可能避免刺激性操作，如采血、去势、断奶、转群等；避免活疫苗免疫接种与消毒同日进行。

免疫接种后由于各猪场饲养管理水平不同、猪只个体差异、接种人员操作水平不同，猪只会出现不同程度的应激反应。如出现一过性的体温升高、精神沉郁、采食量下降或注射部位疼痛等症状，一般1～2天自行消失，这属于正常反应，不需要特殊处理。如注射部位出现肿块、感染化脓，应进行外科处理，切开病灶，用过氧化氢或0.1%高锰酸钾溶液清创后再用生理盐水冲洗创腔，填塞消炎粉。免疫后个别猪只出现站立不安、卧地不起、呼吸困难、可视黏膜充血或水肿、肌肉震颤、口吐白沫、倒地抽搐、鼻腔出血、流产等严重过敏反应，需要及时采取救治措施。可用盐酸肾上腺素或地塞米松或强的松注射液立即肌肉或静脉注射，视病情缓解程度，30分钟后可重复注射1次。

用过的疫苗瓶，必须采用高压蒸汽消毒或煮沸消毒后，方可废弃；凡被活疫苗污染的衣物、物品、用具等，应当用高压蒸汽消毒或煮沸消毒方法消毒。

（4）驱虫　猪群感染寄生虫后会体重下降、饲料转化效率降低，严重时可导致猪只死亡，因此驱虫是养猪管理中一个必不可少的环节。

寄生虫分为体内寄生虫（如蛔虫、绦虫等）和体外寄生虫（如疥螨、蜱等）。驱虫方法有体内给药法，如注射药物、口服药物；体外给药法，如涂抹、喷雾、药浴等。驱虫时要注意同时做好环境的消毒杀菌，包括地面、墙壁、猪栏、过道、器具等。

猪场要根据本场的具体情况选择驱虫药物、制定驱虫计划并严格执行。建议驱虫频次如下：种公猪，每季度驱虫 1 次，每年驱虫 4 次；成年公猪，每半年驱体内外寄生虫 1 次。母猪在配种前驱虫 1 次。妊娠母猪产前 15 天驱虫 1 次。断奶仔猪和育肥猪各驱虫 1 次。

（5）**疫病监测** 猪群疫病监测的目的：评价免疫效果，评估疫病流行形势和疫病发生的风险程度，为制订免疫计划、疫病防控和净化方案提供科学准确的依据。

疫病监测是动物疫病预防控制的主要内容之一，通过监测可以在第一时间发现动物疫病，预先了解动物疫病的种类、危害情况、病情发展情况等，并且还可有效控制疫病的发生与发展，避免出现大规模暴发情况，为疫病的有效控制及净化提供科学依据，进而提高动物疫病预防控制的效果。疫病监测分为两种：一是病原学监测，二是免疫抗体检测。

① 病原学监测 病原学监测是通过疫病监测技术来确定病原微生物感染的发生和性质，明确疫病或病原的感染、发生、流行以及分布情况，从而在疫病尚未发生之前即找到潜在病原。定期进行病原学监测可以做到及早发现隐患、对动物疫情实施风险评估，尽快做出恰当的防控方案，采取有效的预防措施，防止感染传播造成危害。

各猪场应根据猪场猪病发生的既往史和周边猪场猪病流行的具体情况制订本场的病原学监测计划并实施。

②免疫抗体检测 免疫抗体检测可以有效评估疫苗免疫水平。定期开展抗体检测可以准确掌握抗体的消长规律和抗体水平，适时进行疫苗免疫，减少疫病发生。

抗体水平检测应覆盖各个阶段的猪群，以便进行全面监控。做好免疫抗体监测的前提是制订好科学完善的抗体监测方案。

监测项目：常规的监测项目包括口蹄疫免疫抗体、猪瘟免疫抗体、高致病性蓝耳病免疫抗体、伪狂犬病免疫抗体、伪狂犬病野毒感染抗体。

监测对象：种公猪，母猪分为怀孕前期、中期、后期和哺乳期，生长猪分为乳猪、保育猪和育肥猪。

监测数量：抗体监测样品采集数量少，不足以代表整个猪群的抗体水平；样品采集数量多，对猪造成应激而且检测成本增高。根据统计学一般规律，采样 20 头时可信度达 98%，30 头时达 99%，40 头时达 99.5%，50 头时达 99.9%。因此建议对每个阶段的猪群监测时分别至少采样 30 头，群体数量小的可以全部采样。种公猪每头都要采样。

常规监测：每年定期对各猪群抽取一定比例进行抗体监测，对监测不合格的猪群进行加强免疫，并查找原因。一般规模猪场每 3～4 个月进行 1 次常规监测。

连续监测：对一定数量的猪，在规定的时间内连续进行几次抗体监测，并对监测结果进行汇总、分析、比对，可用于不同生产厂家疫苗的评估和选择以及制定和修正免疫程序、掌握母原抗体的消长规律等。

猪瘟、蓝耳病、伪狂犬病、口蹄疫是病原学监测和免疫抗体检测的重要病种，此外，还可以根据猪场实际情况确定其他检测病种和检测项目。

（6）巡查　猪场应制定巡查制度，工作人员每天对猪群进行巡查，及早发现异常现象，找出原因并采取相应措施，避免或减少猪病发生。

二、主要疫病的防控和诊断

（一）疫病诊断

诊断就是兽医从医学角度对动物的精神状态和体质状况进行观察分析并对其所患的疾病进行判断。正确的诊断是对动物疾病进行预防、治疗的前提，也是制定合理、有效防治措施的依据。

猪场应有专职的执业兽医。兽医应该定期巡查猪群状况，查看监测报告，及时发现异常，尽快做出判断，提出防治措施。

猪病诊断技术包括临床诊断和实验室诊断。临床诊断主要是应用问诊、视诊、听诊、触诊以及病理剖检的手段对疾病做出初步判断，必要时采取相应病料检材进行实验室诊断。

1. 群体检查

临床检查时应先作群体检查，从猪群中先剔出异常猪只，然后再对其进行个体检查。

群体检查时通过"动态、静态、食态"三态的观察，可以把大部分病猪从猪群中剔除出来。

运动状态检查：首先观察猪的精神状态和姿态步样。健康猪精神活泼，步态平稳。病猪精神不振、沉郁或兴奋不安，步态踉跄，跛行，关节肿胀，四肢无力或麻痹，或出现游泳状划动。

休息状态检查：首先，有顺序地并尽可能地逐只观察猪的站立和躺卧姿态，健康猪吃饱后多合群卧地休息，当有人接近时常起身离去。病猪离群单卧，或扎堆堆积在一起，有人接近也不动。其次，注意猪的天然孔分泌物及呼吸状态等，还要观察被毛状态，被毛有无脱落，皮肤有无水疱、痘疹或痂皮，是否有咳嗽或喷嚏声。

采食饮水状态检查：病猪会时吃时停，或离群不吃；不饮水或暴饮。

2. 临床检查

兽医应采用临床检查的基本方法，首先全方位掌握猪只的生活环境、猪场管理状况、饲养管理、防疫等信息。并全面诊察猪的发病情况，汇总收集到的所有信息，筛选对疾病诊断有意义的提示信息，对疾病做出初步判断，或提出疑似疾病，确定下一步的诊断方向。

常用的临床检查方法有问诊、视诊、触诊、嗅诊、听诊等。

（1）问诊　询问车间饲养人员，详细了解猪只发病的有关情况，包括：本车间存栏、月龄、免疫、饲养管理、饲料、发病时间、发病头数，发病前后的表现、病程、病史等。

（2）**视诊**　通过观察病猪的表现，包括猪的精神状态、膘情、被毛、步态、皮肤、黏膜、粪尿等，通过以上状况的观察发现异常，进行分析。

①精神状态　每次喂猪前，要查看猪的精神状态。健康猪叫声清脆，精神活泼，步态平稳，吃饱后多合群卧地休息，当有人接近时常起身离去。病猪则叫声嘶哑、哀鸣、无力。精神沉郁或兴奋不安，常躺卧墙角或离群单卧，有人接近也不动，行走缓慢、四肢用力不均、疼痛、步态踉跄、跛行，肢体软弱跪地或麻痹，有时突然倒地发生痉挛等，均为可疑病态。

②膘情　一般急性病死亡的病猪身体仍然肥壮，多见于急性传染病或中毒。相反，慢性病病猪多瘦弱，常见于寄生虫病或营养不良等。

③步态　健康猪步伐活泼而稳健。患病猪常表现行动不稳，或不喜行走、跛行不愿站立等。常见于关节炎型链球菌病、副猪嗜血杆菌病、口蹄疫等。

④被毛和皮肤　健康猪皮肤干净，皮毛顺滑光亮，具有弹性。若皮肤表面出现肿胀、痘疹、水疱、痂皮、小结节、破损、溃疡、被毛脱落、红斑、出血点均疑似病态。常见于皮肤寄生虫、圆环病毒病、霉菌等。

⑤黏膜　查看可视黏膜，正常为粉红色。出血、充血、发绀、黄疸和贫血均属异常。

⑥采食和饮水　健康猪食欲旺盛，吃食多而快，一般喂给正常采食量可在 10～15 分钟内吃光；若喂料时猪无反应或反应迟钝，不争不抢，少吃不吃，以及突然的采食量下降或暴食均为可疑病态。健康猪一般在采食后有规律地饮水，如出现饮水量过大或不饮水为可疑病态。猪经常啃食泥土、炭块、圈舍地面、墙壁及栅栏等异物为可疑病态。

⑦粪尿　健康猪粪便松软成团，若粪便稀或干硬如串状，色泽异常或有腥臭、酸腐等异味为可疑病态。健康猪的尿液透明清亮；如浑浊、不透明、尿血等则为可疑病态。

　　⑧呼吸　观察呼吸次数、呼吸形式等。患感冒、发热、中毒、传染病等猪则呼吸加快或呼吸困难。如猪群出现咳嗽、气喘、打呼噜、犬坐、腹式呼吸等均为可疑病态。

　　（3）嗅诊　广义的嗅诊不单指来自猪只的异味，兽医对猪场环境、饲料、饮水等发出的异味都应仔细分辨和分析。如饲料保存不当则可出现霉变的异味，猪食用后会导致霉菌毒素中毒。

　　注意猪只的分泌物、排泄物、呼出气体及口腔有无异味。如仔猪红痢或胃肠炎时，粪便腥臭或恶臭。

　　（4）听诊　这里的听诊多是兽医用耳朵听取猪舍里的异响，如病猪的咳嗽、打喷嚏等。

　　3. 剖检

　　剖检是猪病诊断中不可缺少的检查手段，对疾病的诊断意义仅次于实验室检验，也是实验室检验采样必须采取的措施之一。剖检应在完成流行病调查和临床诊断的基础上，决定是否需要进行病理解剖。

　　对死亡猪只尸体剖检应尽快，死亡时间越短剖检所见的病变越真实，做出正确诊断的机会越多。尸体腐败或死亡时间太长剖检没有实际意义，因此夏季须在死后 4～8 小时之内完成，冬季不得超过 18～24 小时。

　　剖检时必须全面观察各部位组织器官的异常变化并做好详细记录，异常现象是某些疾病的特征性病理变化，为猪病的诊断提供线索。

　　4. 实验室检查

　　对于通过临床检查和病理剖检仍不能做出初步诊断的疾病，应采集相关病料送往有资质的实验室借助实验室检查方法获得疾病信息，为最后确诊提供依据。

（二）各阶段猪只多发病及防控措施

在猪生长的全过程中，猪只在不同的生长阶段常有一些易发疾病，其中有些是该阶段常见多发的重要的疾病如哺乳期的仔猪黄痢、仔猪白痢；育肥猪的副嗜血杆菌病、链球菌病等；也有的疾病则贯穿于猪只生长的各个阶段，如非洲猪瘟、猪瘟、口蹄疫、繁殖与呼吸综合征、伪狂犬病等；还有些疾病在猪只生长的不同阶段有不同的特征，或危害性不同，如大肠杆菌在哺乳仔猪中可以引起仔猪的黄痢、白痢，在断奶仔猪中可引起腹泻，在生产母猪中可引起乳腺炎、子宫炎和泌乳障碍综合征；伪狂犬病毒感染可引起母猪的流产，也可引起仔猪的腹泻、呼吸道和神经症状。

猪场应针对不同生长时期猪病的发生特点采取相应的防治措施，可以大大减少猪病的发生，降低疫病造成的损失。

1. 哺乳仔猪阶段

该阶段猪只疾病除传染性疾病导致，饲养管理不当也是造成仔猪死亡的重要原因，如冻死、压死、饿死、咬死等。饲养人员应做好饲养管理，注意防范低温、挤压等，对母性较差、产后少奶或无奶或产后患病母猪及时采取相应措施。

哺乳仔猪的健康受外界因素影响很多，产房卫生状况差、温度和湿度不适宜都可以诱发仔猪疾病的发生。母猪健康水平、乳汁质量等是最直接的影响。哺乳母猪日进食能量、蛋白质和氨基酸不足，体能就会过度消耗，不能满足仔猪生长对乳汁的需要而导致仔猪营养性腹泻，从而抵抗力降低，诱发仔猪其他疾病发生。因此防控仔猪疾病首先应做好哺乳母猪的饲养管理，保障母猪健康及乳汁充足。对哺乳仔猪应根据其生长发育特点，抓好饲养管理，使仔猪尽快适应环境，提高免疫力，减少疾病发生。

2. 保育阶段

此阶段仔猪体内母源抗体水平下降到最低，接种疫苗的主动免疫应答尚未产生。仔猪经过断奶、转群、换料、疫苗接种以及高密度的饲养，可能发生的应激反应较多，所以是猪只抵抗力相对低的阶段，很多疾病往往在这个时期感染发病，如圆环病毒病、蓝耳病、伪狂犬病、链球菌病、副嗜血杆菌病等。这个时期的仔猪感染疾病后也许不发病，但一旦发病，很容易发生生长停滞，严重时可能变成僵猪，影响育肥阶段的正常生长发育，死亡率和淘汰率提高。

做好保育猪的饲养管理减少疾病发生是整个养殖过程中的关键一环。

3. 生长育肥阶段疾病防控

猪只在生长育肥阶段抵抗力相对较强，饲养管理良好的情况下，发病率、死亡率均较低，但有些疾病仍会在这一阶段发生。如非典型猪瘟、胸膜肺炎、副嗜血杆菌病等。猪群中存在这些疾病可导致生长缓慢、抵抗力降低、生产性能下降饲养成本增高。

4. 种猪常见疾病防控

种猪及后备母猪的健康在生猪养殖中是至关重要的。各阶段猪只所发生的疾病对种猪的健康都有威胁，养殖全程应做好各种疾病的防控，尤其是重大和重点疫病，如口蹄疫、非洲猪瘟、猪瘟等。影响种猪生产性能的主要是繁殖障碍的问题，引起繁殖障碍的因素有很多，如环境差、营养不良或不均衡、饲养管理不当均可引起，而传染性疾病是引发繁殖障碍的最主要原因。常见繁殖障碍性疾病有：繁殖与呼吸综合征、伪狂犬病、猪瘟、细小病毒病、乙型脑炎等。

抓好种猪疫病综合防控要点。母猪生产前，产房要全方位彻底消毒后保持干燥，控制好产房的温度，并对母猪全身清洁消毒，特别是阴部和乳房。

饲喂优质饲料并控制采食量，控制后备母猪的体形，保证充足的饮水。做好母猪的相关疾病疫苗接种和驱虫，在配种前要完成大部分疫苗的接种工作，如猪瘟、口蹄疫、圆环病毒、细小病毒、乙型脑炎、传染性胃肠炎、流行性腹泻疫苗，以及大肠杆菌苗等。

对于无疫苗可用或虽有疫苗，但在生产应用中预防效果不是很理想的疫病，有针对性地选择适当的药物进行预防。

（三）常见猪病的防控

1. 非洲猪瘟

非洲猪瘟是由非洲猪瘟病毒引起的一种急性、热性、高度接触性动物传染病，所有品种和年龄的猪均可感染，因毒株、宿主和感染途径的不同，潜伏期有所差异，一般为 5～19 天，最长可达 21 天。世界动物卫生组织《陆生动物卫生法典》将潜伏期定为 15 天。2018 年 8 月 3 日，中国首次确诊非洲猪瘟疫情。

不同毒株致病性有所不同，强毒力毒株可导致感染猪在 12～14 天内 100% 死亡，中等毒力毒株造成的病死率一般为 30%～50%，低毒力毒株仅引起少量猪死亡。

感染非洲猪瘟病毒的家猪、野猪（包括病猪、康复猪和隐性感染猪）和钝缘软蜱等为主要传染源。主要通过接触非洲猪瘟病毒感染猪或非洲猪瘟病毒污染物（餐厨废弃物、饲料、饮水、圈舍、垫草、衣物、用具、车辆等）传播，消化道和呼吸道是最主要的感染途径；也可经钝缘软蜱等媒介昆虫叮咬传播。

最急性：无明显临床症状突然死亡。

急性：病猪体温可高达 42℃，沉郁，厌食，耳、四肢、腹部皮肤有出血点，可视黏膜潮红、发绀。眼、鼻有黏液脓性分泌物。呕吐。便秘，粪便表面有血液和黏液覆盖；腹泻，粪便带血。共济失调或步态僵直，呼吸困难，病程延长则出现其他神经症状。妊娠母猪流产。病死率可达 100%。病程 4～10 天。

亚急性：症状与急性相同，但病情较轻，病死率较低。病猪体温波动无规律，一般高于 40.5℃。仔猪病死率较高。病程 5～30 天。

慢性：病猪体温呈波状热，呼吸困难，湿咳。消瘦或发育迟缓，体弱，毛色暗淡。关节肿胀，皮肤溃疡。死亡率低。病程2～15个月。

典型的病理变化包括浆膜表面充血、出血，肾脏、肺脏表面有出血点；心内膜和心外膜有大量出血点；胃、肠道黏膜弥漫性出血；胆囊、膀胱出血；肺脏肿大，切面流出泡沫性液体，气管内有血性泡沫样黏液；脾脏肿大，易碎，呈暗红色至黑色，表面有出血点，边缘钝圆，有时出现边缘梗死；颌下淋巴结、腹腔淋巴结肿大，严重出血。最急性型的个体可能不出现明显的病理变化。

非洲猪瘟临床症状与古典猪瘟、高致病性猪蓝耳病、猪丹毒等疫病相似，必须通过实验室检测进行鉴别诊断。

目前非洲猪瘟尚无疫苗预防，也无有效药物治疗。提高猪场的生物安全水平对防控非洲猪瘟至关重要。中国动物疫病预防控制中心于2020年2月29日下发了《非洲猪瘟疫情应急实施方案（2020年版）》，2020年3月4日下发了《中小养猪场户非洲猪瘟防控技术指南》，方案与指南详细对非洲猪瘟进行了描述并提出了防控的具体措施。

2. 猪瘟

猪瘟是由猪瘟病毒引起的一种急性、热性、败血性传染病，发病率和死亡率很高，是猪的一种重要传染病。各种品种、年龄、性别、季节有发生。不同年龄和不同猪群感染后表现差异很大，近几年以非典型的慢性猪瘟或繁殖障碍型猪瘟为主。

最急性型：发病急。病猪表现高热稽留，痉挛，抽搐，皮肤和可视黏膜发绀，有出血点，很快死亡。

急性型和亚急性型：病猪表现高热，精神沉郁，食欲减退，初便秘后腹泻，公猪包皮积液，皮肤有出血点或红斑不褪色，少数出现神经症状，死亡率高。

慢性型：病猪食欲时好时坏，体温时高时低，便秘与腹泻交替进行，耳尖、尾根和四肢皮肤经常发紫坏死，消瘦，全身衰竭，后肢麻痹，步态不稳或不能站立。

繁殖障碍型：母猪妊娠早中期感染可出现流产、死产、木乃伊等；妊娠后期感染，母猪外表正常，仔猪带毒，免疫抑制，仔猪出生后有的出现震颤、发抖等神经症状。

搞好饲养管理，根据本场的发病情况和病原、抗体等的检测结果制定科学合理的免疫程序，适时免疫。在仔猪的首免日龄确定上，应根据仔猪的母源抗体水平来确定。

因为头胎母猪的免疫抗体，仔猪初生重、抵抗力等，与其他胎次的仔猪存在较大的差异，为使得仔猪母源抗体处在一个较好的整齐度上，头胎母猪与经产母猪应分开饲养。

育肥猪和母猪的免疫有的猪场采用一年两次或一年三次集中免疫，有的猪场对母猪采取跟胎免疫。

3. 猪口蹄疫

口蹄疫是由口蹄疫病毒引起偶蹄兽的一种急性、热性和高度接触性传染病。猪易感。

口蹄疫发病率高，传染快，流行面积大，仔猪常因急性心肌炎死亡。主要通过消化道、呼吸道以及皮肤和黏膜感染而发病。一年四季均可发生。

病猪临床表现高热，食欲减退、精神不振，口腔黏膜、齿龈、舌、鼻吻部、蹄部及乳房皮肤发生水疱和糜烂，严重时蹄壳脱落，跛行、不能站立。

我国规定口蹄疫为一类动物传染病，任何单位和个人发现家畜上述临床异常情况的，应及时向当地动物防疫监督机构报告。动物防疫监督机构应立即按照有关规定赴现场进行核实。国家对口蹄疫实行强制免疫，各级政府负责组织实施，当地动物防疫监督机构进行监督指导。免疫密度必须达到100%。预防免疫按农业部制定的免疫方案规定的程序进行。

4. 猪繁殖与呼吸综合征

该病又称"蓝耳病"，是由繁殖与呼吸综合征病毒引起的一种急性、高度接触性传染病。不分品种、年龄、性别、季节，繁殖母猪和仔猪都易感，妊娠母猪感染后可通过母乳感染胎儿。本病可以分为经典型和高致病型。

经典型：主要表现为猪群的生产性能下降，生长缓慢，母猪群繁殖障碍，妊娠母猪流产，产死胎、木乃伊胎、弱仔，猪群免疫功能下降，易继发感染其他细菌性和病毒性疾病。

高致病型：妊娠母猪感染后出现精神沉郁，食欲减少或废绝，发热，流产，产死胎、木乃伊胎、弱仔。新生仔猪、育肥猪出现呼吸道症状。仔猪表现出典型的呼吸道症状，呼吸困难，有时呈腹式呼吸，食欲减退或废绝，体温升高到40℃以上，腹泻，被毛粗乱，共济失调，渐进性消瘦，眼睑水肿，耳部、体表皮肤发紫，死亡率高。生长猪和育肥猪，有不同程度的呼吸道症状，咳嗽，双耳背面、边缘、腹部及尾部皮肤出现深紫色。病猪易发生继发感染，并出现相应疾病的临床症状。种公猪感染后精液品质下降，精子出现畸形，精液可带毒。

防控：坚持自繁自养、全进全出的原则，建立稳定的种猪群，不轻易引种。定期对猪舍、饲养管理用具及环境消毒，保持场区和猪舍的清洁卫生；做好各阶段猪群的饲养管理，以提高猪群的抵抗力；做好常见病、重点病的免疫接种。猪场可以根据本场具体情况选择疫苗进行免疫，由于效果有限，种猪场也可以根据具体情况进行后备猪的驯化以达到控制该病的目的。

小日龄体重50千克左右的后备母猪，进群前可以对其进行隔离驯化，原则上采用自然感染驯化，一定要做好驯化期间的生物安全，隔离时间要长，一般需要3～5个月。在这期间观察猪群健康状况，并进行采血检测评估，待抗体转阴后方可解除隔离。

5. 伪狂犬病

伪狂犬病是由伪狂犬病毒引起的一种急性传染病。发病没有明显的季节性，各个品种、年龄的猪都可感染，不同阶段的猪感染后可表现出不同的临床症状。

仔猪常常突然发病，高热，不食，呕吐，腹泻，兴奋不安，前冲、后退、转圈，共济失调，肌肉痉挛，角弓反张，抽搐，四肢做游泳状划动，后肢麻痹。

育肥猪多呈隐性感染或有呼吸道症状，一过性体温升高，采食下降，4～5天可自然恢复。

妊娠母猪表现流产、早产、产死胎或木乃伊胎，产出的弱仔多在2～3天内死亡。

本病无有效的治疗方法，预防应重点做好各个阶段猪只的营养供给，严格做好猪场的清洁、消毒，猪舍的通风、保温、降温管理，注意饲养密度、猪场严格禁止饲养其他动物等综合防控措施。制定合理的免疫程序，选择合适的疫苗进行免疫预防，免疫后定期监测抗体，免疫程序应根据抗体检测结果以及疫病流行的具体情况科学制定。

目前多数猪场采用种公猪和种母猪每年集中普免2～3次；后备母猪在配种前6～8周、2～4周各免疫1次；仔猪在5～7周免疫1次的方案，但近两年不少猪场出现免疫猪群野毒感染，造成母猪繁殖障碍、仔猪及育肥猪发病及死亡。对于感染压力较大的猪场仔猪应在首免后间隔1个月后再加强免疫1次，如果产房仔猪有伪狂犬临床症状出现，则出生仔猪1～3日龄滴鼻免疫，然后依据抗体监测的情况确定二免和加强免疫的时间，一般二免多数在6～11周龄，二免后1个月再做1次加强免疫。

种猪场及自繁自养的育肥猪场应特别注意后备猪和育肥猪的伪狂犬病毒抗体监测，尤其是在非洲猪瘟疫情的影响下，部分地区的种猪、育肥猪饲养时间延长，如果不重视此时期的加强免疫有可能猪只会感染而造成野毒抗体转阳，这是目前一点式猪场伪狂犬病难以净化和不稳定的一个重要原因。因此，保障后备母猪及育肥猪的野毒抗体检测为阴性，以防止被感染后传播到种猪群，必须在5月龄左右进行伪狂犬疫苗抗体和野毒抗体的监测。

根据监测结果确定再次加强免疫的时间，以保障后备猪和育肥猪不被野毒感染，对检出野毒抗体阳性的要采取相应的隔离或淘汰措施。

6. 传染性胃肠炎

传染性胃肠炎是由冠状病毒属的猪传染性胃肠炎病毒引起的一种急性、高度接触性传染病。一般 10 日龄内仔猪有很高的死亡率，5 周龄以上的病猪很少死亡。

部分病猪体温先短期升高，发生腹泻后体温下降。精神委顿、吃奶减少或停止、呕吐和明显的水样腹泻，粪便呈黄色、淡绿色或灰白色，水样并有气泡，内含凝乳块，腥臭，被毛粗乱无光泽，战栗，严重口渴，迅速脱水，很快消瘦，最终因衰竭而死亡。10 日龄以内的仔猪有较高的致死率，随着日龄的增长而致死率降低，病愈仔猪生长发育较缓慢，往往成为僵猪。随着日龄的增长，猪只对该病的抵抗力不断增强，架子猪、肥猪和成年猪发病一般 3～7 日恢复，极少发生死亡，常突然发生水样腹泻，粪便呈灰色或灰褐色，食欲减退，无力，体重迅速减轻，有时出现呕吐，体温升高，严重腹泻，母猪泌乳减少或停止。

该病无特效治疗方法，预防主要是采取综合防控措施，做好消毒和饲养管理，搞好猪舍卫生，注意防寒保暖，保持舍内空气新鲜。

对发病猪可及时补液减少仔猪死亡。对母猪进行传染性胃肠炎疫苗的接种可对仔猪起到一定的免疫预防作用。

7. 流行性腹泻

该病是由冠状病毒科冠状病毒属的猪流行性腹泻病毒引起的一种肠道传染病，其症状与猪传染性胃肠炎非常相似。该病传播迅速，猪群一旦感染很快在整个猪场传播，造成很大的经济损失。

各种年龄的猪都能感染发病。哺乳猪、保育猪或育肥猪的发病率很高，尤以 1～5 日龄哺乳仔猪感染率最高，病死率几乎100%，哺乳仔猪日龄越小，症状越严重。病猪体温升高或正常，精神沉郁，食欲减少，继而排水样粪便，呈灰黄色或灰色，粪便恶臭。有的吃奶后呕吐，吐出物含有凝乳块。病猪很快消瘦，后期粪水从肛门流出，通常 2～4 天死亡。断奶猪、育肥猪症状轻微，表现为厌食、腹泻，持续 4～6 天可自愈，但生长发育受阻。成年猪发生厌食和呕吐。

流行性腹泻综合防控的技术关键就是要做到精细化管理和有效的免疫，加强饲养管理，做好哺乳仔猪的防寒保暖。产房生产必须严格执行全进全出制，控制好产房温度、湿度和通风，做好猪场生物安全、加强猪场内外环境的卫生消毒，尤其是产房卫生消毒是至关重要的。对病死猪要做到无害化处理，及时淘汰发病猪。

可选用猪流行性腹泻疫苗或猪流行性腹泻 – 猪传染性胃肠炎二联疫苗对妊娠母猪进行免疫接种，为所产仔猪提供一定水平的母源抗体保护。

8. 圆环病毒病

圆环病毒病是由猪圆环病毒 2 型引起的传染病，引起断奶仔猪衰竭综合征、皮炎与肾病综合征和母猪的繁殖障碍等，其临床表现多种多样，还可导致猪群严重的免疫抑制，易继发感染，临床表现较为复杂，不同阶段的猪表现出不同的临床症状。

断奶仔猪衰竭综合征多表现为厌食、精神沉郁、皮肤苍白、贫血和可视黏膜黄疸；被毛蓬乱、呼吸困难、咳嗽，断奶仔猪渐进性消瘦或生长迟缓。

皮炎和肾病综合征多表现为 12～14 周龄猪发热、厌食、呆滞、结膜炎，呼吸困难、腹泻，消瘦，皮肤上出现圆形或不规则隆起的丘疹。死亡率可达 15%～20%。耐过猪发育不良，生产缓慢，成年猪一般为隐性感染，不表现任何症状和病变，但生长速度明显下降。

猪腹泻综合征多表现为育肥猪出现久治不愈的不明原因腹泻，腹泻与正常排便交替出现，治疗效果不明显。

母猪感染表现为流产，死产胎、木乃伊胎增多等繁殖障碍及断奶前仔猪死亡率上升。

该病目前无有效的治疗方法。做好饲养管理，增强猪群抵抗力，适时做好疫苗免疫是预防该病的关键，对母猪免疫提高母源抗体，保护哺乳仔猪。

9. 猪细小病毒病

该病是由猪细小病毒引起的猪的一种繁殖障碍性传染病。发病不分品种、性别、年龄和季节。除了妊娠母猪外，仔猪、育肥猪和空怀母猪不表现临床症状。

妊娠母猪感染后发生流产、死胎、木乃伊胎、胎儿发育异常等病象，而母猪本身没有明显的临床症状，但具有传染性。以头胎妊娠母猪发生流产和死胎较多。

防治应慎重引种，搞好饲养管理，做好全方位的消毒。猪群可以选用猪细小病毒疫苗进行免疫，能取得不错的效果。

10. 猪流感

该病是由猪流感病毒引起的急性呼吸道传染病。特征为突然发病，迅速波及全群，厌食或食欲废绝，常挤卧在一起不愿站立，体温升高，咳嗽，流浆液性或脓性鼻液，眼结膜潮红、流泪并有分泌物。一般可自愈，有的并发或继发其他疾病可加重病情而引起死亡。

做好保育猪的饲养管理，减少应激，猪舍既要保温又要做好通风，增强仔猪的抵抗力，减少疾病的发生。

11. 仔猪红痢

仔猪红痢是由 C 型魏氏梭菌引起的初生仔猪的急性传染病。主要发生于 3 日龄以内的新生仔猪，其他阶段仔猪也可发生。排浅红或红褐色稀粪，或粪便中混合坏死组织碎片；发病急剧，病程短促，窝内仔猪发病死亡率可达 20% ～ 70%。

该病临床上常常呈急性表现，病猪迅速脱水死亡，很难治愈，所以要以预防为主，母猪可注射疫苗预防，仔猪出生后吃初乳获得免疫保护。做好产房及临产母猪的清洁卫生及清毒及保温工作。

12. 仔猪黄痢

该病由致病性埃希氏大肠杆菌引起初生 1～3 日龄仔猪的一种急性、高度致死性传染病。主要经消化道感染。带菌母猪为主要传染源。发病急、症状明显、死亡率高。特征为剧烈腹泻，排黄色或黄白色稀粪，迅速脱水、消瘦、昏迷、衰竭而死亡。产房潮湿、寒冷、卫生差时发病率高，一个猪场一旦发病很难根除。

对母猪免疫大肠杆菌苗可使仔猪得到被动免疫。做好母猪产前产后管理，防止母猪乳腺炎的发生，加强新生仔猪的护理，注意消毒和保温。

13. 仔猪白痢

该病由大肠杆菌引起，见于 10～30 日龄以内仔猪。

临床主要症状为下痢，粪便为白色、灰白色或黄白色，粥样、糊状，有腥臭味，肛门周围、尾及后肢常被稀粪沾污。若治疗不及时或治疗不当，发病仔猪常经 5～6 天死亡。也有病期延长到 2～3 周以上的。病程较长而恢复的仔猪生长发育缓慢，甚至成为僵猪。

该病一年四季都可发生，但一般在气候突然变化时发病较多。母猪的饲养管理和猪舍卫生等多方面的各种不良的应激，都是促进本病发生的重要原因，并可影响病情的轻重。因此防治本病必须采取综合性的措施，做好饲养管理及环境卫生消毒工作。母猪产仔前对乳房、阴门及腹部用消毒液或温水洗净、擦干可减少该病的发生。

做好仔猪的饲养管理。提早补料，并抓好补料工作。尽量防止或减少各种应激因素的发生。

对母猪免疫大肠杆菌苗，可使仔猪得到被动免疫。做好母猪产前产后管理，防止母猪乳腺炎的发生，加强新生仔猪的护理，注意消毒和保温。

14. 仔猪水肿

仔猪水肿病是由于溶血性大肠杆菌感染而引起，在仔猪断奶前后易发。饲料品质不良，气候突变、突然改变饲料、阉割、断奶、预防接种等应激影响均可诱发仔猪水肿病。

仔猪尤其是健康状况良好的仔猪突然发病，迅速死亡。仔猪表现叫声嘶哑，眼睑肿胀，紧接着出现神经症状。剖检可见皮下、喉部、胃大弯及结肠系膜处水肿。全身淋巴结水肿，其中最明显的是下颌淋巴结。

做好日常的饲养管理，保持猪舍干净卫生，定期做好消毒工作。减轻断奶应激，及时开食补料，补铁、补硒，在仔猪断奶前后进行驱虫，这些措施对仔猪水肿病具有较好预防作用。必要时可选用敏感抗生素进行药物预防，及时接种水肿苗。

15. 副嗜血杆菌病

副嗜血杆菌病又称多发性纤维素性浆膜炎和关节炎，是由猪副嗜血杆菌引起的。

感染不分品种、年龄、性别、季节，以3月龄左右的猪最易感。饲养环境不良、应激等因素常易诱发该病，严重危害仔猪和青年猪的健康，对猪场危害巨大。

临床表现体温升高（40.5～42℃）且持续不退；咳嗽，张口呼吸，后期呼吸困难，呈犬坐状；有时见口鼻流淡红色泡沫样分泌物；鼻、耳、腿、体侧皮肤发紫，食欲下降或废绝，个别猪呕吐，少数伴有下痢；有的关节肿胀、跛行；生长不良。

控制该病关键在预防，应改善饲养管理，减少各种应激，消除致病诱因，保持猪场清洁干燥的环境，保持猪舍卫生，加强消毒。对病猪可进行隔离治疗，提倡淘汰病猪。治疗可选用敏感抗生素使用，注意休药期，禁止使用禁用药物。

16. 新生仔猪低血糖

该病常发于1周龄内的仔猪，1周龄以上猪很少发病，常发于冬春季，病死率较高，可达到50%～100%。

仔猪病初精神不振，四肢软弱无力，步态不稳，不愿吮乳，嗜睡，皮肤苍白，体温低下，后期卧地不起，多出现神经症状，表现为痉挛或惊厥，空嚼，流涎，肌肉震颤，眼球震颤，角弓反张或四肢呈游泳样划动，昏迷，衰竭死亡。一般病程不超过36小时。

加强对妊娠后期母猪的饲养管理，给予全价饲料，保障母猪的健康及奶水的充足，使新生仔猪尽快吃到充足的母乳，如母猪缺乳，应进行代养、并窝或人工哺乳。

对病猪应尽快补糖，用10%葡萄糖5～10毫升腹腔注射或静脉注射，每隔4～6小时1次，连续2～3天。或经口腔灌服葡萄糖，每次3～5克，每天3～4次，连用3～5天。

（四）人畜共患病的防控

人畜共患病是指由同一种病原体引起、流行病学上相互关联、在人类和动物之间自然传播的疫病。2009年，中华人民共和国农业部发布第1149号公告，公布了26种常见的人畜共患病名录。其中，与猪相关的主要人畜共患病有以下几种：

1. 猪流行性乙型脑炎

该病是由乙型脑炎病毒引起的一种人畜共患传染病。不分品种、性别、年龄，主要通过蚊子叮咬而传播，有明显的季节性，在蚊子猖獗的夏秋季（7、8、9月）多发，猪的感染最为普遍，人和马、猪、牛、羊、驴、骡、犬、猫、鸡、鸭、鹅等对乙脑病毒均有易感性，其中以马最易感，人次之，猪、牛、羊偶见发病。

病猪表现高热稽留，结膜潮红，尿黄粪干，共济失调，盲目冲撞，转圈。母猪体温升高，食欲不振，好卧嗜睡，早产、流产、产死胎或木乃伊胎，且同一窝仔猪或死产胎儿大小差异较大。公猪发生睾丸炎，多为一侧睾丸急性肿大，触之热痛，后期萎缩变硬，失去配种能力。

　　该病治疗效果不佳，防治乙脑的关键措施是灭蚊和免疫接种，猪场应做好环境卫生消毒和灭蚊工作。由于蚊虫是本病的传播媒介和病毒的越冬宿主，灭蚊是预防本病的一项根本措施。在冬季，以消灭越冬蚊为主，春季重点是清除滋生地，消灭早代幼虫，夏秋季节以灭成蚊为主，同时注意灭幼虫，要搞好猪舍的环境卫生。

　　免疫接种是预防该病的有效措施。应在 5 月份左右蚊虫大量活动前接种乙脑疫苗。种猪于 6～7 月龄（配种前）或蚊虫出现前 20～30 天注射疫苗 2 次（间隔 10～15 天），经产母猪及成年公猪每年注射 1 次。

2. 猪Ⅱ型链球菌病

　　该病是由致病性链球菌引起的一种多型性传染病。病原广泛存在于自然界中，既是人、畜上呼吸道、肠道和阴道的常在菌，也是重要致病菌，属于条件性致病菌。Ⅱ型链球菌对外界的抵抗力较强，在 4℃环境中可以存活 6 周；具有一定的耐药性，但对青霉素、红霉素、金霉素、四环素和磺胺类药物均敏感，一般消毒药能将其杀灭。

　　人感染猪链球菌的潜伏期短，常为 2～3 天，最短数小时，最长 7 天。人感染后发病急，临床表现为脑膜炎、恶心、呕吐，严重者出现昏迷。

　　猪链球菌病在临床上有以下几种表现型。

　　急性败血症型：病猪突然发病，高热稽留，嗜睡，精神沉郁，呼吸急促；浆液、黏液性鼻液，便秘或腹泻，粪便带血，尿黄或血尿；眼结膜潮红、充血，流泪；共济失调，磨牙、空嚼。

　　脑膜炎型：多见于哺乳仔猪，表现体温高，共济失调、转圈，角弓反张，抽搐，卧地不起，四肢划动，口吐白沫；衰竭或麻痹死亡，死亡率较高。

　　淋巴结脓肿型：颌下、咽部、耳下及颈部单侧或双侧淋巴结发炎、肿胀，发炎淋巴结可成熟化脓，破溃流出脓汁，之后全身症状好转，形成疤痕愈合。

搞好饲养管理，保持猪舍卫生，定期消毒，做好废弃物和病死猪无害化处理。病猪可选用敏感抗生素治疗。易感猪群可适时免疫接种链球菌苗。

3. 猪囊尾蚴病

猪囊尾蚴病是由猪肉绦虫的幼虫寄生人体所致的疾病，为人畜共患的寄生虫病。人感染后，囊尾蚴可侵入人体各组织和器官，如皮下组织、肌肉以及中枢神经系统，引起病变，可导致癫痫和昏迷，甚至危及生命，危害性极大。其成虫对人的致病性较轻，主要引起消化功能紊乱和营养不良。患者出现腹痛、腹泻、腹胀、消化不良、消瘦、贫血等症状。猪感染后，其肉的食用价值降低，造成巨大经济损失。猪囊尾蚴病是我国《农业发展纲要》中规定要消灭的寄生虫病。

人类是囊尾蚴唯一终末宿主，猪和野猪为其主要的中间宿主，犬、猫等也可以成为中间宿主。成虫寄生于人的小肠前部，头节深埋于肠黏膜内。虫卵或孕节随粪便排出体外。中间宿主吞食了虫卵或孕节后，卵壳在十二指肠受消化液的作用而破裂，六钩蚴逸出。六钩蚴通过其小钩的活动和分泌物的作用，于24～72小时内穿过肠壁，进入血管和淋巴管，随血液至身体各部，逐渐发育为囊尾蚴。成虫和囊尾蚴均有致病性，尤以囊尾蚴的致病性强。

防治措施：主要是做好粪污的无害化处理。

三、粪污及其他废弃物的安全控制

（一）粪污的生物安全控制

随着畜牧生产规模的不断扩大和集约化程度的不断提高，畜禽排泄物对环境的污染已经严重影响了生态环境，成为制约养殖业发展的一个重要因素。据污染源普查数据显示，2010 年畜禽养殖业的化学需氧量、氨氮排放量就已经分别达到 1 148 万吨、65 万吨，占全国排放总量的 45%、25%，已经成为环境污染的重要来源。2020 年农业农村部办公厅、生态环境部办公厅联合印发《关于进一步明确畜禽粪污还田利用要求强化养殖污染监管的通知》，明确畜禽粪污还田利用标准，要求加强事中事后监管，完善粪肥管理制度，加快构建种养结合、农牧循环的可持续发展新格局。规模化养猪场应坚持源头减量、过程控制、末端利用的治理途径，按照种养结合、循环利用的总体思路，采取有效的粪便减量化技术，有效降低养殖场粪污对环境的污染，推进畜牧业生产和生态环境保护协同发展。

1. 粪污危害

一般情况下，1 个万头猪场，如果是收集干粪，一天的排污量在 25～30 吨，冲水清粪的排污量在 50～60 吨。粪污中含有大量的氮、磷、微生物、药物以及饲料添加剂残留，是污染土壤、水源的主要成分。如果猪场粪污得不到有效的处理，长年累月，粪污堆（沉）积或直接排入周围环境，可造成恶臭和水体、土壤的污染。猪场所产生的有害气体主要有氨气、硫化氢、二氧化碳、酚、吲哚、粪臭素、甲烷和硫酸类等，也是对空气造成污染的主要成分。猪养殖排污系数和猪粪尿中污染物平均含量见表 3-3 和表 3-4。

表 3-3　猪养殖排污系数

项目	单位	排污系数
猪粪	千克 / 天·头	2.0
	千克 / 年·头	398.0
猪尿	千克 / 天·头	3.3
	千克 / 年·头	656.7
饲养周期	天	199

表3-4　猪粪尿中污染物平均含量 （单位：千克/吨）

项目	化学需氧量（COD）	生化需氧量（BOD）	氨态氮（NH3-N）	总磷	总氮
猪粪	52.0	57.03	3.1	3.41	5.88
猪尿	9.0	5.0	1.4	0.52	3.3

2. 粪污减量化技术

我国规模猪场粪污处理技术的相对滞后，使养殖业对环境的污染日益严重。养猪场的污染问题已越来越受到人们的关注和重视。从源头上减少粪污的产生，对减少粪污对环境的影响有极大的意义。养殖场粪污减量化技术可以从猪场规划设计、饲料配制、饲喂工艺三个方面着手。

（1）科学规划设计猪场　现阶段猪场养殖的清粪技术主要有干清粪、水冲粪、水泡粪三种。干清粪工艺是在缝隙地板下设斜坡，产生的粪便及尿液由缝隙漏下，经横向斜坡，固体粪便被截留在斜坡上，尿液经斜坡流向集水沟，大大降低了废水中有机物的浓度，从而达到粪便和污水在猪舍内自动分离，干粪由机械或人工收集、清出。尿及污水从下水道流出，进入污水收集系统，再分别进行处理。选择不同的清粪技术所产生的污水和粪便的数量也不同，合理选择清粪技术能一定程度上减少污水的排放和废弃物的产生。采用不同清粪工艺的猪场污水水质和水量比较见表3-5。可以看出，干清粪产生的污水量基本为水冲粪和水泡粪的1/4～1/2，且水质污染物最大浓度均小于前二者，波动范围不大，更有利于末端治理。

所以建议养殖场采用干清粪建筑设计工艺，以达到粪尿分离的效果，从而减少粪污的排放量。

表 3-5　采用不同清粪工艺的养猪场污水水质和水量

项目	水冲清粪	水泡清粪	干式清粪
污水量（升/天·头）	35～40	20～25	10～15
BOD（毫克/升）	7700～8800	1230～15300	3960～5940
COD（毫克/升）	1700～19500	2720～31000	8970～13200
SS（毫克/升）	1030～11700	164～20500	3790～5680

　　此外，雨水和粪污混合在一起会大大增加粪污体积，增加处理难度。养殖场应建立独立的雨水收集管网系统和污水收集管网系统，实现雨污分离。雨水通过独立的收集系统收集。污水通过污水收集系统流入污水池，避免雨水流入，从而减少粪污总体积。有报道显示，通过雨污分离可以减少养殖场的污水 10%～15%。

　　（2）改善饲料配制

　　①开发使用环保型日粮　研究与实践证明，采取有效措施降低氮和磷的排出量是减少氮、磷污染的有效措施。通过提高对饲料蛋白质的利用率，而降低猪日粮中蛋白质含量，可以间接减少氮的排出量。研究结果表明，日粮中粗蛋白质的含量每降低 1%，氮的排出量就减少 8.4% 左右。如将日粮中的粗蛋白质从 18% 降低到 15%，就可将氮的排出量减少 25%。利用氨基酸等新技术，配制理想蛋白质日粮，即降低饲料粗蛋白质含量而添加合成氨基酸，使日粮氨基酸达到平衡，可使氮的排出量减少 20%～50%，同时对猪的生产性能影响非常有限。除了氮、磷这些潜在的污染源外，一些微量元素如铜、砷制剂等超量添加也易在猪产品中富集，给人类的健康带来直接或间接的危害，应按规定使用。此外，合理调整日粮中粗纤维的水平，可有效控制吲哚和粪臭素的产生。

　　②使用绿色添加剂　能够提高饲料消化吸收、减少粪污量的添加剂有三类，第一类是各种酶制剂（如植酸酶、淀粉酶等），可以提高动物对饲料的消化吸收利用率，减少粪便中粗纤维、粗

蛋白等营养物质的含量，同时减少氨气的排放；第二类是酸化剂类、丁酸钠类、微生态制剂类，通过改变或者调整动物消化道的理化性质或者生态环境，提高蛋白质等饲料的消化利用率，间接达到减少污染排放的目的；第三类是有机微量元素，替代对环境有影响的无机微量元素（比如铜、锌等），从而减少动物排污对环境的污染。

（3）采用先进饲喂工艺

①改进饮水系统　饮水器类型对污水排放量影响比较大。猪场饮水器主要有鸭嘴式、碗式和乳头式三种。目前应用最多的还是鸭嘴式饮水器，其最大弊端是猪咬住后水自动溢出，猪来不及咽下，绝大多数被浪费。夏季猪为了降温咬住饮水器不放，造成大量水的浪费和污水的产生。如果改用碗式或悬挂式饮水器就完全能够避免上述现象的发生，减少产生的粪水量。

②改干料饲喂为液态发酵饲喂　现代猪场多采用干料饲喂方式，料槽和水槽分开。猪在采食干料时，在料槽和水槽之间来回走动会造成饲料和水的浪费。液态发酵或液态饲喂方式，猪采食饲料和饮水同时进行，避免了饲料和水的浪费，从而减少粪水量。大量研究表明，液态饲喂替代干料饲喂能够大幅度减少粪水的产生量。

3. 粪污的资源化利用

畜禽养殖废弃物资源化利用的成本与收益不平衡，具有一定的社会公共属性。现阶段主要解决养殖污染问题，国家支持养殖场（户）建设畜禽粪污无害化处理和资源化利用设施，鼓励采取粪肥还田、制取沼气、生产有机肥等方式进行资源化利用。畜禽粪污的处理应根据排放去向或利用方式的不同执行相应的标准规范。对配套土地充足的养殖场（户），粪污经无害化处理后还田利用具体要求及限量应符合《GB/T 36195　畜禽粪便无害化处理技术规范》和《GB/T 25246　畜禽粪便还田技术规范》，配套土地面积应达到《畜禽粪污土地承载力测算技术指南》要求的最小面积。对配套土地不足的养殖场（户），粪污经处理后向环境排放的，应符合《GB 18596 畜禽养殖业污染物排放标准》和地方有关排放标准。用于农田灌溉的，应符合《GB 5084 农田灌溉水质标准》。

（1）生产有机肥 猪场粪肥集中收集到集污池，进行固液分离，分离的液体部分采用多级沉淀、生物处理或沼气厌氧处理的方法到达本场利用方式的标准，综合利用。固体部分制作有机肥，还田利用。

①固液分离 主要设备为固液分离机，它由三个系统构成：一是振动分离系统。粪便由污泥泵抽到振动筛时，筛网通过振动能有效将粪渣与污水分开。二是送料挤压系统。由振动筛分离出的粪渣，通过螺旋送料机送到机体外，并在送料同时将水分进一步挤干分离，降低粪渣含水率。三是自动清洗系统。当集污池的污水处理结束后，设备会自动启动清洗系统，对振动筛网进行冲洗，以防筛网堵塞而无法正常工作。

固液分离工艺中，粪污先通过沉砂池粗格栅到集污池，然后通过分离机振动分离，送料挤压，最终进行自动清洗直至固液充分分离，其流程见图3-1。

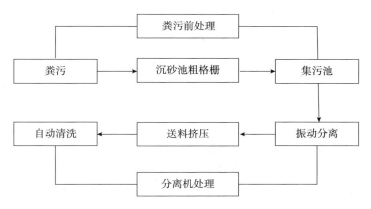

图3-1 固液分离工艺流程

②污水处理达标利用　分离的液体进入管道系统，通过过滤池四次沉降，加入微生物菌剂，采用纳米气浮技术，经过生物降解后（或沼气池厌氧发酵），还田利用或达标排放。

③固体粪肥处理　分离的固体粪肥通过发酵处理和成球工艺制作颗粒有机肥，还田利用。其工艺流程见图3-2。

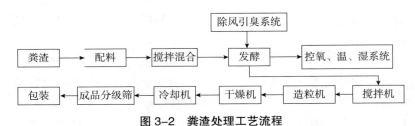

图3-2　粪渣处理工艺流程

配料混合：将粪渣与稻草、木屑等发酵填充料混合，调节到合适的碳氮比，以提高发酵效率。

控氧、温、湿系统：根据物料所处的发酵阶段，自动湿度控制系统、氧气供应系统或自动翻堆装置通过喷液、输氧以及自动翻堆来调节发酵环境的湿度、氧浓度和温度，以保证发酵过程的正常进行。

除风引臭系统：发酵槽密封，设计有自动循环通风系统，臭气经过通风系统中的生物过滤器除尘除臭，杜绝二次环境污染，而滋生的苍蝇等害虫难以扩散，不影响周边环境。

成球工艺：利用高效新型的造粒机，对发酵后的有机质无须干燥、粉碎，也无须加黏结剂，就可直接造出外形美观、具有一定坚实度的球形颗粒。

（2）制取沼气　粪污通过厌氧发酵，产生的沼气可用作生活燃料或发电，发酵后剩余沼渣沼液作为有机肥，可用于农业生产。厌氧发酵池及沼渣沼液贮存池的容积应与粪污产生量、施肥周期、土地承载量相匹配。主要模式有畜—沼—粮，该模式可实现节约资源和保护环境。

　　针对目前规模养殖场使用的干清粪及水泡粪的粪污清理收集模式，提出两种沼气池处理工艺，见图3-3。

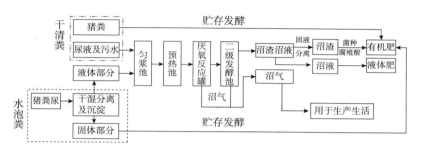

图3-3　沼气池处理工艺流程

　　①原料预处理　针对干清粪清理模式，规模猪场在养殖车间两侧设有尿沟，猪尿及污水可直接排到储存池，猪粪采用刮粪板或人工方式清理收集。针对水泡粪清理模式，猪粪尿、污水经干湿分离及沉淀后，液体部分进入沉淀池，固体部分经贮存发酵制成有机肥。该模式收集的粪便在匀浆池中收集后，转入预热池，为厌氧发酵做准备。

　　②厌氧发酵　厌氧发酵罐和二级发酵池，以及沼气净化利用等配套设施构成了畜禽粪便处理系统中最为关键的厌氧发酵系统。该模式采用升流式固体厌氧反应器（USR），USR的下部是含厌氧微生物的固体床，发酵原料从反应器底部进入，依靠进料和所产沼气的上升动力按一定的速度向上升流，料液通过高浓度厌氧微生物固体床时，有机物被分解发酵，上清液从反应器上部排出。未消化的生物质固体颗粒和沼气发酵微生物靠自然沉降滞留于消化器内，上清液从消化器上部溢出，这样大大提高了固体有机物的分解率。产生的沼气经过汽水分离、脱硫塔提纯后，可用于发电，供应猪场的生活生产。

③沼液、沼渣利用　经厌氧发酵后的沼液沼渣经过固液分离，沼液经过无害化处理后，可做成液体肥；沼渣干化后按1:1加入发酵菌剂和草炭腐殖酸，经过21～30天堆肥发酵，可做成固态有机肥。

（3）农牧配套种养结合生态循环养殖模式　国家支持加快畜禽粪污资源化利用先进工艺、技术和装备研发，着力破除粪污资源化利用过程中的技术和成本障碍。鼓励养殖场户全量收集和利用畜禽粪污，根据实际情况选择合理的输送和施用方式，不再强制要求固液分离。结合本地实际，推行经济高效的粪污资源化利用技术模式，积极推广全量机械化施用，逐步改进粪肥施用方式。这就为农牧配套种养结合生态循环利用即全量还田利用奠定了政策基础。

农牧配套、种养结合生态循环养殖，就是将畜牧无害化饲养、粪污生物化处理、植物有机化种植等配套的综合经营方式，利用物种多样化在农牧多模块间形成整体生态链的良性循环，力求解决环境污染问题，优化产业结构，节约农业资源，打造新型多层次循环农业生态系统。该模式遵守生态系统内能量流和物质流的循环规律。其原理是某个生产环节的产出（如粪尿及废水）可作为另一生产环节的投入（如肥料），使系统中的物质在生产进程中得到充分的循环利用，从而提高资源的利用率，减排增效。

常用的物质循环利用型生态系统主要有种植业－养殖业－沼气工程、养殖业－渔业－种植业及养殖业－渔业－林业等。养殖业－种植业－沼气工程的物质循环利用型生态工程运用最为普遍，效果最好，其基本内容是猪场排出的粪便污水进入沼气池，经厌氧发酵产生沼气，供民用炊事、照明、采暖和发电。在循环链上，采取"人畜分离建场、粪尿干湿分离、雨污分流减排、沼气配套、种养循环利用"等措施，以生猪养殖为中心、沼气池为纽带，注重种养优势互补和良性生态循环，沼渣、沼液处理加工成有机肥后直接施入附近周边林地、农田，增加土壤有机质含量，有效改良土壤，使上一环节的废弃物作为下一环节的资源，促进了畜牧产业发展低碳化，实现畜禽养殖废物资源化循环利用。在这个模式中，物质和能量获得充分的利用，环境得到良好的保护，因此生产成本低，产品质量优，资源利用率高，收到了经济效益与生态效益同步增长的效果。

（二）其他废弃物的生物安全控制

1. 病死猪无害化处理

饲养员和兽医人员需每日对猪进行观察，发现病猪及时隔离治疗，如诊断为重要传染病的应采取相应的紧急预防或扑杀措施。

病死猪的处理，首先必须严格遵循《中华人民共和国动物防疫法》及《病死动物无害化处理操作技术规范》。无害化处理即指用物理、化学等方法处理病死动物尸体及相关动物产品，消灭其所携带的病原体，消除动物尸体危害的过程，其目的是为预防重大动物疫病，维护动物产品质量安全。

病死猪的处理，还须符合当地政府相关部门的要求，或集中由无害化处理厂处理，或在当地政策允许的情况下，猪场在本场的下风口选择适宜的场地建设病死猪焚尸炉，进行无害化处理，并立即对周边环境进行彻底消毒。

没有条件场内处理的需由地方政府统一收集进行无害化处理。如无法当日处理，需妥善低温暂存。

2. 生活污水处理

生活区产生的污水集中收集，排入化粪池，与猪场污水处理管道联通，排至污水处理系统统一处理。生活区亦应雨污分流，减轻污水处理压力。

3. 医疗废弃物处理

猪场医疗废弃物包括过期的兽药疫苗，使用后的兽药瓶、疫苗瓶及生产过程中产生的其他废弃物，严禁随意丢弃，应专人收集起来使用消毒液浸泡或高压灭菌后集中存放于危废间,委托有处理资质的单位收集后进行无害化处理。

4. 餐厨及生活垃圾处理

场内设置垃圾固定收集点,明确标识,分类放置。垃圾收集、贮存、运输及处置等过程须防扬散、流失及渗漏。餐厨垃圾、生活垃圾每日清理,严禁饲喂猪只。按照国家法律法规及技术规范进行处理。

四、疫病净化及无疫区建设

(一)疫病净化

疫病净化是指在特定区域或场所对某种或某些重点猪病实施的有计划的消灭过程,达到该范围内个体不发病和无感染状态。疫病净化是以消灭和清除传染源为目的。中国动物疫病预防控制中心《规模化种猪场主要动物疫病净化技术指南》中主要涉及以下几种主要疫病:猪口蹄疫、猪瘟、猪繁殖与呼吸综合征、猪伪狂犬病。

种猪群的疫病净化通常包括以下几个基本过程:一是对计划净化的病种进行普查,淘汰感染和带毒的猪;二是对目标猪群进行定期监测、淘汰,逐步建立起无感染猪群;三是持续对目标猪群开展血清及病原学监测,使目标猪群处于持续无感染状态,逐步达到稳定控制直至疫病净化。

在疫病净化过程中,种猪场应针对不同疫病本地调查情况,一场一册制定相应净化方案。还要采取封闭管理、完善猪场及猪舍设施设备、提供全价营养饲料、做好饲养管理、定期消毒、适时免疫、严格检疫、及时隔离等辅助措施。

1. 净化区域和病种的确定

首先要根据本地区及本场猪病情况而定,一般是对种猪场进行净化。再者要考虑成本，是否能得到当地政府部门的资金或政策扶持，净化病种应选择对当地养猪生产危害较大的多种或一种疫病。

2. 疫病普查

在一定时间内对目标范围内的每一头猪做调查或检查，并记录结果。其主要目的是为了全面掌握目标病种在目标猪群中的感染情况，查找出感染猪只，为感染群清群提供科学依据。

对符合所普查的目标疫病症状特点的猪只进行个体检查，个体检查要采取样品进行实验室的病原学检测。目标猪群群体较大时可以制定抽样检查方案，分期分批进行病原学检测，并逐步淘汰阳性猪只；在目标群体的样本数量不是特别大的情况下，最好能对目标群体的所有猪只统一时间进行一次实验室检测，这样可以准确掌握所普查的疫病在整个目标群体中的感染情况，从而对感染猪群及时清群。

3. 目标群监测

由于饲养环境中可能存在着目标病原的污染，部分处于感染初期的猪只不能通过疫病普查被发现，所以在目标疫病普查结束淘汰后，猪群中仍然会有较长的一段时间还会存在目标病原感染的猪只，所以要对目标群中的目标病种制定长远的监测计划，定期进行多次的监测和淘汰。目标群数量不大时建议全群定期检测，目标群体较大时可以进行抽样检测。检测方案要结合目标病种和目标猪群的实际情况一场一册有针对性地制定计划并实施检测。依据实验室检测结果淘汰阳性的猪只，并将阳性猪只的同栏或同群猪设定为密切接触者，对密切接触猪只进行全群监测和实时观察，掌握疫病的横向传播情况，及时清除隐性感染个体。

4. 净化

疫病净化的标准：实施净化的地区或养殖场，经过净化，最终达到并保持非免疫猪群血清学和病原学监测阴性，免疫猪群病原学监测阴性，方可认定为某种或几种疫病达到净化。

要达到疫病净化的标准，必须坚持对目标病种的持续监测，以达到较长时间的无发病和无感染状态。目标场要制定切实可行的监测计划并实施，有3年以上的净化工作实施记录，所有的监测报告必须保存3年以上。

（二）动物疫病区域化管理

为推进动物疫病区域化管理，规范实施无规定动物疫病小区建设和评估活动，有效控制和消灭动物疫病，提高动物卫生及动物产品安全水平，促进动物及动物产品贸易。农业农村部于2019年发布实施了《无规定动物疫病小区评估管理办法》及《无规定动物疫病小区管理技术规范》，对无规定动物疫病区进行了定义，并提出了无非洲猪瘟小区标准、无口蹄疫小区标准、无猪瘟小区标准。

无规定动物疫病区，可以以县、市、省行政区来建设，也可以跨行政区建设。其动物疫病名录中关于猪病的是指口蹄疫、猪瘟、猪伪狂犬病、猪传染性水疱病、猪繁殖与呼吸道综合征、猪囊虫病。各省人民政府可以根据情况对规定动物疫病名录进行调整。无规定动物疫病区的动物疫病预防实行强制免疫，猪病免疫重点主要是指口蹄疫、猪瘟、猪繁殖与呼吸道综合征。

无规定动物疫病区是指在某一确定的区域，在规定的期限内没有发生过某种或几种动物疫病，且在该区域及其边界和外围一定范围内，对动物和动物产品、动物源性饲料、动物遗传材料、动物病料、兽药（包括生物制品）的流通实施官方有效控制，并经国家评估合格的特定区域。无规定疫病区包括免疫无规定动物疫病区和非免疫无规定疫病区两种。

1. 免疫无规定动物疫病区

是指在规定期限内，某一划定的区域没有发生过某种或某几种动物疫病，对该区域及其周围一定范围采取免疫措施，对动物和动物产品及其流通实施官方有效控制。

2. 非免疫无规定动物疫病区

是指在规定的期限内，某一划定的区域没有发生过某种或某几种动物疫病，且在规定期限内未实施免疫，并在其边界及周围一定范围对动物和动物产品及其流通实施官方有效控制。

第四章
饲料安全控制管理

猪只生长繁殖所需营养物质有四十余种，分为能量、蛋白质、矿物质和维生素四大类。将饲料科学配比、合理加工、科学饲喂，使猪得到充足的营养物质，生产出优质的肉品和更多的仔猪，是养猪者应具备的技能。

一、饲料质量安全控制

饲料质量安全，指饲料产品（包括饲料和饲料添加剂）中不含有对饲养动物的健康造成实际危害，而且在动物产品中不会形成残留、蓄积和转移的有毒、有害物质或因素；饲料产品以及利用饲料产品生产的动物产品，不会危害人体健康或对人类的生存环境产生负面影响。饲料安全关系到整个生猪产业链的安全，并影响人类健康。随着我国畜牧业高质量发展进程的加快，有效控制猪场饲料质量安全显得至关重要。

（一）饲料质量安全控制措施

1. 采购

应严格按照《GB 13078　饲料卫生标准》的要求进行饲料原料质量把关。

（1）常规大宗原料

①有毒有害物质检测　加强对饲料原料中农药残留、有毒有害物质、霉菌毒素等严重影响饲料安全的指标的检测，坚决杜绝不合格饲料原料进入养殖场。

②水分检测　大宗原料的水分一般应控制在13%（南方）或14%（北方）以下。

③杂质　杂质含量应符合饲料卫生标准，特别是玉米，要过筛处理。

④防止掺杂使假　通过经验判断、显微镜镜检、化验室检测等检测方法，杜绝原料中掺杂使假的现象发生。

（2）预混料和添加剂

①资质检查　采购前要求厂家提供生产资质和产品质量合格证明，必要时对厂家进行现场考察。

②检查保质期　保质期1个月以内的产品禁止采购。

③签订合同　每批采购签订采购合同，明确质量责任。

（3）全价饲料　除应符合上述要求外，还应注意以下三个方面。

①霉菌毒素检测　重点检测黄曲霉毒素、呕吐毒素、玉米赤霉烯酮和T-2毒素等。

②多家采购　采购至少两家以上厂家的饲料。

③饲养试验　对饲料开展饲养试验，评价质量的优劣。

2. 采样抽检

（1）采样　每批原料进场时需要抽检，颗粒状饲料应采用随机采样法，采样量一般为500克，液体原料经搅拌混匀后采上中下综合样，一般为500克。不同厂家、不同批号、不同等级的产品不可以混合采样。

（2）留样　抽检的样品要留样备查，至少留存至同批次原料全部使用，没有质量纠纷后方可处理。

（3）第三方检测　必要时，本场不能检测的项目或认为有必要第三方检测的项目，送权威第三方检测，比如霉菌毒素。

3. 储存

饲料储存过程中发生氧化酸败和霉变的现象较多，如何防止饲料氧化酸败和霉菌污染是饲料安全的重中之重。

（1）储存管理 储存库房应保持干燥、阴凉、通风。做好卫生消毒工作。勤打扫、勤翻料，做好防鼠、昆虫、鸟害工作。禁止将饲料与具有腐蚀性或易潮湿的物品放在一起，原料入库要分类堆放，下有垫板，各堆间应留有间隙。并做好原料标签，包括品名、时间、进货数量、来源并按顺序堆放。严格执行先进先出的原则。

（2）防止储存过程中氧化变质 在猪场的储存条件不够标准的情况下，除了加强原料的储存管理外，为防止已配制好饲料的氧化变质，要控制好水分，特别是饲料中油脂的水解酸败。

储存场所要避光，否则易使油脂酸败。另外，光照能破坏饲料中的维生素 A、维生素 E 和 β－胡萝卜素，使抗氧化性能下降而加重酸败。

装油脂的容器一定要密闭并加入抗氧化剂，原料入库前经检验合格的原材料（如油脂类），短期用不完或考虑其在加工时的稳定性，应加入抗氧化剂再入库。饲料配制时加入的抗氧化剂主要有天然、人工合成和复合抗氧化剂三类，生产中大多数使用人工合成抗氧化剂，如乙氧基喹啉、二丁基羟基甲苯（BHT）、丁基羟基茴香醚（BHA）。

（3）防止储存过程中霉变 饲料储存过程中，霉变与氧化是相互联系、相互影响的。为防止饲料霉变，同样要严格控制湿度、温度和氧化。温度不宜过高，通风要良好，装袋要严密，饲料水分含量最好控制在 13% 以下，尤其要注意玉米水分含量。尽量缩短储存期，一般库存时间超过 45 天就容易引起饲料霉变。另外，可添加化学防霉剂如丙酸及其盐类、山梨酸及其盐类等。

　　对于部分霉变的饲料，常用的脱毒方法有物理分离热处理、微生物降解、辐射、生物酶技术及化学处理等。现在比较普遍的做法是配制饲料时加入霉菌毒素吸附剂或处理剂，主要有三类：黏土类吸附剂、碳水化合物类吸附剂和生物转化处理剂。

　　黏土类吸附剂取自天然沸石，价格便宜但吸附的毒素种类较少，一般对黄曲霉毒素有效。碳水化合物类吸附剂对较低剂量毒素的吸附能力也较强，不过可能会有少部分的微量营养成分同时被吸附。生物转化法是采用微生物产酶分解毒素的方法，也有较好的效果，而且专一性较强。

　　（4）储存时间　正常情况下，饲料工业产品保质期为：配合饲料夏秋季 3 个月，冬春季 6 个月；添加适量抗氧化剂的浓缩饲料夏秋季 2 个月，冬春季 3 个月；预混合饲料一般不超过 6 个月。

　　4. 科学使用饲料和添加剂

　　注意饲料包装袋上的标签，不要用过期饲料。

　　猪场自配料时，饲料药物添加剂的选择应严格按照相关规定进行。生产含有药物添加剂的饲料时，必须在产品标签中标明所含兽药成分的名称、含量、适用范围、停药期规定及注意事项等。

　　不使用神经类、激素类等国家禁止使用的药品作添加剂。

　　5. 饲料加工过程的控制

　　饲料加工过程是饲料生产的重要环节，合理设计加工工艺和选择设备，是饲料安全生产中的重要环节。

　　（1）除杂　加工过程中，首先是除杂质，即去除饲料原料中大的杂物和金属物质，除杂率通常要求在 99.5% 以上（大杂物去除率要求 100%）。

　　（2）称量　是饲料加工中最为重要的步骤之一，称量要求准确，尤其是对于一些药物添加剂，称量的准确程度直接影响饲料品质，一般要求称量误差为 ±0.2%，药物类添加剂等的误差须在 ±0.1% 范围内。

（3）**混合** 要保证饲料中各组分均匀，防止因混合不均匀而使某种指标含量过高或不足而影响饲料品质。各种配合饲料混合的变异系数（CV%）要求，添加剂预混合饲料 ≤ 5%，浓缩饲料 ≤ 7%，全价配合饲料 ≤ 10%。

6. 饲喂过程的控制

养殖车间人员领取饲料后，先置于车间内的饲料临时存放区域，码放整齐。根据饲喂计划投喂，每次投料前需检查饲料有无发霉变质，如有异常及时上报，不得饲喂。

饲喂过程中，饲养员跟踪观察猪只采食情况，对剩余饲料要立即清理，如料槽被粪尿污染，须立即清洗。教槽饲料每次饲喂后要扎紧袋口，防止饲料吸附异味，影响采食。

（二）霉菌毒素危害与防治

1. 霉菌毒素的危害

霉菌广泛存在于空气、土壤、水及腐败的有机物中。其繁殖能力极强，易在潮湿温暖的环境中滋生。饲料中霉菌产生的有毒代谢产物霉菌毒素是威胁养猪业的一个严重问题。

在养猪生产中霉菌毒素的危害非常多见，饲料中经常同时存在几种霉菌毒素的混合感染，导致猪饲料的营养流失、口感变差，猪的采食量下降、生长发育受阻、消瘦、饲料转化率低，生长性能和免疫力、抗病能力降低。

霉菌毒素可致猪急性或慢性中毒，造成猪的肝脏、肾脏损伤以及肠道出血，出现消化功能障碍、腹水、神经症状和皮肤病变等。同时，猪群免疫抑制、免疫失败、生长不良出现繁殖障碍问题，导致公母猪不育，如母猪流产、死胎、假发情、公猪精子活力下降等；呼吸系统及消化系统疾病久治不愈等都可能与霉菌毒素有很大的关系。

目前危害养猪业的霉菌毒素主要有黄曲霉毒素、玉米赤霉烯酮 /F2 毒素、赭曲毒素、T2 毒素、呕吐毒素 / 脱氧雪腐镰刀菌烯醇、伏马毒素／烟曲霉毒素等。

2. 霉菌毒素中毒表现

生产实践中猪群霉菌毒素中毒后常表现出以下特点：一是多种霉菌毒素联合致病，临床症状复杂多样且表现为慢性中毒；二是猪群出现眼结膜红肿外翻、尿石症等症状的病猪；三是剖检可见多系统、多器官的病变。

当饲料中发现有一种霉菌毒素存在时，同时存在其他霉菌毒素的概率很高。猪对霉菌毒素相当敏感，尤其是仔猪。霉菌毒素含量、猪只的年龄大小不同，所导致的临床症状有所不同。

仔猪：霉菌毒素中毒常呈急性发作，出现神经症状，数天内死亡。

育成猪：生长育肥猪的病程较长，一般体温正常，初期食欲减退，后期食欲废绝，呕吐、下痢或便秘，粪便中夹有黏液和血液，贫血；面部、耳、四肢内侧和腹部皮肤出现红斑或黄疸；消瘦，被毛粗乱，饲料转化率下降，生长发育迟缓。霉菌毒素对猪的免疫系统造成损害，导致免疫力降低，猪群的发病率和死亡率均上升。

妊娠母猪：出现死胎、木乃伊胎、流产或新生仔猪死亡率上升等现象。黄曲霉毒素中毒时皮肤发黄，四肢乏力，体温正常，粪便干燥，直肠出血，尿液颜色加深，出现血红蛋白尿，严重者可造成死亡。哺乳期母猪持续表现发情症状，影响哺乳，仔猪成活率降低。

青年母猪：外阴持续红肿是玉米赤霉烯酮中毒的典型症状，这种红肿症状常被误认为是发情期，但出现症状的母猪却不接受公猪爬跨配种。

3. 霉菌毒素中毒防治措施

（1）**预防为主原则**　从源头控制，饲料原料要求优质，注意控制水分、去除杂质，控制好保存环境的温度和湿度。加强生产区的卫生管理，保障库房、饲料加工厂房、料线、食槽、养殖车间的清洁。

　　饲料要严格遵守"先进先出"，并及时清理被污染原料；严重发霉的饲料要全部废弃，禁止饲喂。除进行淘洗、烘干、过筛、除杂、除尘、膨化等脱毒处理外，饲料中可添加合适的霉菌毒素吸附剂，如蒙脱石等硅铝酸盐类吸附剂、甘露寡糖类、双极性改性水合硅铝酸盐、中药提取物等，应注意比较，选用合格优质的脱霉剂类产品。

　　（2）治疗　霉菌毒素中毒目前无特效药物。一旦发生，立即停用含霉菌毒素或可疑的饲料，更换无毒饲料。可以适当选用对症治疗的药物缓解症状，保障充足清洁的饮水，适当给予青绿多汁饲料。急性中毒则以解毒保肝、强心利尿、补液解毒为处理原则。

二、抗菌药减量化控制

　　我国是养殖业大国，也是兽用抗菌药生产和使用大国。自20世纪50年代初，药物添加剂作为饲料添加剂开始应用于畜牧业生产，对畜牧行业的发展起到了重要作用。我国每年生产超过5万吨抗菌药物用于养殖业，其中超过50%的抗菌药物用作药物饲料添加剂。业内估算，养猪、蛋禽、肉禽、奶牛这四种抗生素用量占比最大，占整个兽用抗生素使用量的70%～80%。生产实践表明，兽用抗菌药是养殖过程中不可或缺的投入品，只要合理规范地使用兽用抗菌药，畜禽产品中就不会出现兽药残留超标问题。但是，当前兽用抗菌药市场不够规范、饲料生产和养殖环节用药不尽合理、执行休药期规定不够严格、安全用药意识不够强等问题突出，兽药残留监控和动物源细菌耐药性防控体系还比较薄弱，养殖环节兽药残留超标风险和细菌耐药风险形势依然严峻。这导致食品安全问题日益突出，也为养殖业的持续健康发展埋下隐患。

　　近年来，国家对兽用抗菌药的使用管控愈加规范和严格。2018 年 4 月，农业农村部发布《农业农村部办公厅关于开展兽用抗菌药使用减量化行动试点工作的通知》，并组织制定了《兽用抗菌药使用减量化行动试点工作方案（2018—2021 年）》。2019 年 7 月，农业农村部发布第 194 号公告，公告明确了药物饲料添加剂的退出计划和时间表，自 2020 年 1 月 1 日起，退出除中药外的所有促生长类药物饲料添加剂品种，兽药生产企业停止生产、进口兽药代理商停止进口相应兽药产品，同时注销相应的兽药产品批准文号和进口兽药注册证书。此前已生产、进口的相应兽药产品可流通至 2020 年 6 月 30 日。自 2020 年 7 月 1 日起，饲料生产企业停止生产含有促生长类药物饲料添加剂（中药类除外）的商品饲料。此前已生产的商品饲料可流通使用至 2020 年 12 月 31 日。改变药物饲料添加剂管理方式，不再核发"兽药添字"批准文号，改为"兽药字"批准文号，可在商品饲料和养殖过程中使用。2020 年 1 月 1 日前，完成抗球虫和中药类药物饲料添加剂品种质量标准和标签说明书修订工作。这标志着 12 种促生长药物饲料添加剂退出了历史舞台，2020 年成为我国饲料全面强制性禁抗的起点。这是我国畜牧行业发展的重大事件。

（一）抗菌药不合理应用的影响

　　自从 1928 年英国细菌学家弗莱明发明了青霉素，1945 年我国农业专家潘庆笙将青霉素菌种带回国以来，抗生素、抗菌药就一直在我国人和动物疾病的防治方面，发挥着重要的作用。生猪在养殖过程中会受到细菌感染，也会生病，生病就得使用抗菌药。抗菌药物在动物养殖业中具有重要的地位，目前尚不可完全替代。但养殖场应减少并正确合理使用抗菌药，最大程度发挥其治疗和预防动物疾病的作用。

　　由于我国畜禽养殖密度大、疫病复杂多样等各种原因，存在抗生素超范围、超剂量、超长时间和盲目联合用药甚至使用违禁药品等问题。同时养殖场在使用抗菌药物过程中，存在一个误区：不管什么原因，一旦怀疑动物患病，就使用抗菌药物"消炎"。抗菌药的滥用导致动物免疫力下降，肠道微生物系统遭破坏、死亡增多，影响畜牧业持续发展甚至威胁人类健康。

1. 产生耐药性

长期使用抗生素微生物会产生抗药性。抗生素饲料添加剂能增加病原微生物耐药菌株数量，也会使猪体内的常在菌群产生耐药性，影响药物治疗效果。

2. 影响菌群平衡

动物肠道中生存着大量有益微生物，帮助动物消化利用营养物质，并形成优势菌群抑制有害微生物的繁殖生长。抗生素饲料添加剂的长期使用会使这一平衡发生改变影响动物健康。

3. 食品安全

饲料中长期低剂量添加抗菌药部分被动物吸收，养殖场为了达到快速治疗和预防疾病的效果，不断加大抗菌药添加量，不严格执行休药期等导致药物在畜产品蓄积。有研究表明，残留在畜产品中的抗生素，经加热不能完全失去活性，且有的抗生素降解后会产生更强的毒性物质。残留的抗菌药通过畜产品传递给人类，威胁身体健康。

4. 污染环境

饲料中部分抗菌药物以原形或排泄物的形式排放到环境中，污染水源和土壤，对环境生态安全产生影响。

抗菌药饲料添加剂对保持动物健康、促进动物生长、提高饲料利用率有显著的效果。其在畜牧业的应用大致经历了三个阶段：20世纪50年代为起始阶段，使用的抗生素多为人畜共用的抗生素；20世纪60年代出现了专门用于畜禽饲料的抗生素；20世纪80年代研制出新的不易被肠道吸收、无残留、对人类更安全且更有效的抗生素。在我国的使用，起步较晚，20世纪50年代开始把抗生素残渣用作食用动物的饲料，70年代中期使用低剂量抗生素饲养动物并日趋盛行。畜产品从稀缺成为丰富供应的日常食品，抗菌药物添加剂功不可没。但随着时间的推移，抗生素不合理应用问题越来越突出。饲料药物添加剂本质上是抗生素，因此必须规范使用，否则可能引发"超级细菌"、食品质量等公共卫生安全和生态环境风险。党的十九大报告指出，我国畜牧业发展的主要矛盾是与广大人民对安全优质高品质畜产品的需求还存在着较大差距。因此，这些药物添加剂，已不符合社会发展的需要。饲料"禁抗"、养殖"限抗"已经是大势所趋。

（二）抗菌药减量的意义

1986年瑞典第一个全面禁止在畜禽饲料中使用抗生素，法规规定：抗生素和化学治疗药物在饲料中仅用于预防、减缓或治疗疾病，抗生素只能基于兽医所开的处方使用。瑞典禁用抗生素促生长剂后，小猪出现明显的临床问题：断奶仔猪死亡率增加1.5%，断奶日龄延迟1周。2000年丹麦制定法规，全面禁止抗生素促生长剂的在饲料中使用，只允许基于兽医处方的应用。禁用1年后，NCPP调查了62个猪场，发现63%的猪场肥育猪没有出现日增重降低或腹泻率的增加等情况，26%的猪场育肥猪日增重出现短暂的下降，11%的猪场肥育猪腹泻率和体重严重下降。仔猪阶段产生的问题和困难很大，表现为死亡率的提高和日增重的降低，母猪年提供断奶仔猪数（PSY）下降等。除了猪场生产性能的下降，抗生素的用量略有增加。

2006年欧盟全面禁止饲料中应用抗生素，养猪业出现了整体下滑，经过几年综合的应对方案解决了"饲料禁抗"的阵痛期。欧盟"饲料禁抗"后，各国通过提高现场饲养管理水平，以减少疾病的压力；改善畜舍环境条件，提升动物福利，减轻应激程度；开发利用抗菌药替代物质等方法及其完善的兽医师队伍和兽医师资质管理，将消极的影响被降到最低，积极的影响反而更明显。抗生素用量在瑞典、丹麦、挪威和芬兰分别减少了65%、47%、40%和27%，动物细菌抗生素耐药性的流行率也明显低于其他国家。同时，一些非抗菌药物质，包括酶制剂、微生物制剂、酸化剂、寡糖、抗氧化剂等得到了更广泛的开发和应用。欧洲发达国家采取的各项措施对我国的抗生素管理和禁抗减抗具有借鉴意义。

1. 重塑营养理念

从各国经验来看，禁用抗菌药会在一段时间内对本国养猪生产造成一定的影响。饲料"禁抗"最大的难点是25千克体重前的仔猪阶段。因为仔猪断奶时，消化系统、免疫系统尚未发育完善，对各种疾病和应激抵抗能力差，腹泻、死亡率高等是幼龄阶段"禁抗"后的最大难题。为此应做到改善母猪的营养、做好猪群免疫、加强饲养管理等，更重要的是，改变营养理念，从追求仔猪高采食量、高生长率为目标，转变为构建仔猪健康肠道为目标。采用低水平高质量蛋白加合成氨基酸日粮代替高蛋白日粮。这种营养调整措施不仅不会影响生长，还能有效减少肠道疾病的发生，降低腹泻率。另外，增加高质量蛋白原料使用比例，如鱼粉、奶制品、肉粉、血粉等。

2. 提高猪场管理水平

第一，提高现场饲养管理水平，以减少疾病的压力。如采用更严格的生物安全防护措施，从猪场的设计、生产模式变化、动物的全进全出、严格的人员和物品进场流程管理、动物转出后的彻底清洗消毒等各个细节上做出变化和彻底落实。第二，改善畜舍环境条件，提升动物福利，减轻应激程度。做好温度、通风、密度等方面的改进和调整等，为猪群创造良好的生长环境，减轻环境应激。第三，饲喂液态饲料有利于仔猪肠道健康和生长。固态饲料常引起断奶仔猪肠绒毛萎缩，而液态饲料能够防止这种情况的发生。第四，适当推迟断奶日龄。早期断奶技术虽然提高了养猪生产效益，但因疾病增多，药物的用量显著增加。将仔猪断奶日龄推迟到4～5周，仔猪的免疫系统和消化系统发育的更加完善，能够更好地抵抗病原菌的入侵。

3. 加强兽医师力量

我国农业部出台了一系列加强兽用抗生素使用和监管的法律法规，如《兽用处方药和非处方药管理办法》《兽用处方药品种目录》等，同时制定了《执业兽医制度》来规范动物诊疗病历和兽医处方管理。一旦养殖场发生疾病，兽医必须在现场诊断，依据动物临床症状开具针对性的药物处方，严禁处方中使用违禁药物。因此，加强执业兽医队伍的建设是禁抗行动的重要保障。

4. 合理使用饲料添加剂

在"禁抗"的背景下，开发利用具有抗菌药相近功能的替代品成为关键。合理使用多种添加剂是克服"禁抗"负效应的有效措施。国际、国内应用较多的添加剂主要包括益生菌饲料添加剂、中草药饲料添加剂、发酵饲料、植物提取物、酶制剂、酸化剂和多糖类添加剂等。这些添加剂虽然不如抗菌药作用高效、经济，但它们分别有改善肠道健康、提高饲料消化利用率、提高免疫力等功效，配合使用对禁抗后的动物健康和生长性能有较好的促进提高作用，是抗菌药的良好替代品。

（三）抗菌药减量化及替代方案

"禁抗"指的是饲料中禁止添加促生长类药物饲料添加剂，一些具有调养机体、健康肠胃、改善吸收、增强免疫、平衡微生态等功能，不属于抗菌药的绿色新型产品，是可以作为功能型饲料添加剂在商品饲料中添加使用的。在禁止食用动物饲料中添加抗菌药的大背景下，这些添加剂产品成为畜牧养殖领域关注的热点。目前养猪生产中以微生态制剂、中兽药和发酵饲料应用最为广泛。

1. 微生态制剂

（1）种类　微生态制剂是指根据微生态学原理，利用对宿主有益无害的、活的、正常微生物或促进其生长的物质制成的制剂总称，包括益生菌、益生元和合生元三类。

①益生菌　是指对宿主有益无害的正常菌群成员，又称益生素、活菌制剂等。它是由许多有益微生物及其代谢物构成，可直接饲喂动物，并能有效促进动物体调节肠道微生态平衡的一类添加剂。微生态制剂安全、有效、不污染环境、不使病原产生耐药性，作为抗生素的替代品将在饲料工业中发挥重要作用。广泛应用于养殖业的有乳菌类、丁酸梭菌类、芽孢杆菌类等。

②益生元　是一类非消化性物质，可作为底物被肠道正常菌群所利用，能选择性刺激结肠内的一种或几种细菌生长和提高其活性。主要包括低聚糖（低聚果糖、低聚木糖、低聚半乳糖、低聚异麦芽糖等）、微藻（螺旋藻、节旋藻等）和天然植物等。益生元作为益生菌刺激物，具有促进益生菌增殖、改善肠道菌群、保健等功能，因此也被认为是肠道微生物菌群的"食物"。

③合生元　是益生菌和益生元的混合制剂，既可发挥益生菌的生理活性，又能选择性地增加益生菌数量，作用更加显著和持久。注意合生元并非是益生元和益生菌的简单相加。

（2）作用

①提高生产性能　在猪饲料中添加微生态制剂，可提高猪的生长速度，改善饲料利用率，防治疾病，提高仔猪成活率以及防止仔猪腹泻。真菌、酵母、芽孢杆菌等具有很强的助消化能力。在消化道中能产生多种消化酶，丰富的B族维生素、维生素K、未知生长因子和菌体蛋白等，可起到辅助消化、促进生长的作用。地衣芽孢杆菌具有较强的蛋白酶、淀粉酶和脂肪酶活性，同时还具有降解植物饲料中非淀粉多糖的酶，如果胶酶、葡聚糖酶、纤维素等；酵母菌和霉菌均能产生多种酶类，如蛋白酶、淀粉酶、脂肪酶、纤维素酶等，可提高蛋白质和能量利用率。

②防治疾病　微生态饲料添加剂可以使肠道菌群保持平衡，起到防治消化道菌群失调的作用。平衡一旦破坏，体内菌群比例

失调，需氧菌如大肠杆菌增殖，使蛋白质分解产生氨等有害物质，猪群表现下痢等病理状态。乳酸菌、双歧杆菌等种属菌株，具有很强的调整消化道内环境和微生物区系平衡的作用，可用于预防和治疗消化功能紊乱和消化道感染。微生态饲料添加剂还可以提高动物机体免疫功能，产生多种抗生物质，如乳酸菌素、嗜酸菌素、杆菌肽等，以及有机酸、过氧化氢等物质，抑制病原菌的生长繁殖。芽孢杆菌能产生蛋白多肽类抗菌物质，拮抗肠道病原菌。乳酸菌可以产生多种杀菌的物质，如有机酸、过氧化氢、酶类等使动物空肠内容物乳酸、丙酸、乙酸等含量上升，pH 值下降，抑制有害菌生长繁殖。

③改善养殖环境 微生态制剂一方面能够阻止和抑制致病菌的入侵和定殖，抑制肠内腐败菌的增殖，从而减少有毒物质的产生；另一方面微生态制剂与体内原有正常菌协同作用，提高饲料转化率，减少蛋白质向氨及胺的转化，减少亚硝氨、氨、吲哚、粪臭素等有害物质的产生，消除恶臭气味，从而减少这些物质通过粪便对环境的污染，净化了舍内空气质量。猪食用益生菌制剂后，肠道内的有害物质降低，使肠上皮保持较好的吸收功能，并降低肠上皮的更新率，减少了动物的维持需要，使更多的营养物质用于生长。

（3）注意事项

①满足微生物增殖的环境条件 微生物需要一定的环境条件才能生长和繁殖，因此，应根据各种微生态制剂的生态特征使用。例如，光合细菌要有一定的光照、湿度和温度才能生长和繁殖，因此，在阴天、雨天、夜里不能使用光合细菌，应在晴天使用。

②不能与抗菌药等同时使用 微生态制剂不能和抗生素、消毒剂以及具有抗菌作用的中草药等同时使用，否则，活菌会被杀死或抑制，减弱或失去活性。因此在使用微生态制剂后的生长周期内，最好不使用抗菌剂或消毒剂，在使用抗菌药后，药效期内也不宜使用微生态制剂。

③存放环境条件　微生态制剂多为活菌制剂，对环境条件要求严格，因此要注意在适宜的温度下存放，并在保质期内使用。

④浓度　微生态制剂的作用主要是通过和其他微生物的竞争性抑制来实现的，只有当有益微生物菌在适宜的环境中形成优势菌群，才能有效抑制有害微生物的生长，因此，使用量一定要足够并坚持长期连续使用，才能达到最佳效果。但微生态制剂并不是使用剂量越大越好，用作免疫增强剂的微生态制剂在饲料中添加量不宜大，可以少量添加、持续使用。

⑤使用复合制剂　单一菌种制剂生产容易，但其作用有限。实际上使用单一菌株是无法完成调节菌群、提高饲料利用率、促生长、抗病等作用的，使用高质量的复合型制剂才能达到上述目的。

微生态制剂具有安全、无污染、不产生耐药性、无残留、抗病和促生长的优点，在生猪养殖业有广阔的发展前景。

2. 中兽药

我国是世界唯一完整保留独特的传统医药理论体系的国家。中兽药是我国传统兽医学的重要组成部分，已有两千多年的应用历史。随着畜牧业高质量发展政策的落实和抗菌药长期使用带来问题的日益突出，引发了整个畜牧行业对安全用药的深思，中兽药成为解决问题的对策之一。中兽药是指以天然植物、动物和矿物为原料炮制加工而成的饮片及其制剂，并在中兽医药学理论指导下用于动物疾病防治与提高生产性能的药物。中药饲料添加剂是近年我国应对食品安全大力倡导的开发研究的添加剂，基本具备饲料添加剂的所有作用。其所含的主要天然成分能起到防病治病、促进动物生长发育的作用，长期使用无药物残留，不易产生耐药性，药效不减和无毒副作用，能够提高动物生产性能、改善动物产品质量，是优质"绿色"药物添加剂。利用中兽药替代抗生素防治动物疾病、促进动物生产性能符合畜牧业高质量发展的理念，是未来养殖业发展的趋势，具有广阔的应用前景，已成为国内外的研究热点和饲料添加剂研究方向之一。近年来，广大畜牧兽医工作者利用我国丰富的中兽药资源，对中兽药在畜牧业生产中防治畜禽疾病、免疫调节和抗应激、提高畜禽的生产性能等方面进行不断探索取得了较大的进展。

（1）作用

①预防和治疗疾病 许多中药作为天然抗生素，具有抗菌消炎作用，尤其是清热解毒类中药能够抑制或杀灭侵入机体的细菌、病毒、寄生虫，防治传染性疾病，而且不易使病原产生耐药性，可长期添加使用。在养猪生产中广泛应用于防治消化系统疾病、呼吸系统疾病、传染病和寄生虫病等。如金银花、连翘、蒲公英的醇提物对葡萄球菌、大肠杆菌和链球菌均具有较强的抑制作用。由益母草、黄芩、三棱、大黄、赤芍等组成的中药颗粒冲剂，可治疗子宫内膜炎。中药还具有双向调节作用，可调整和恢复机体的阴阳平衡，防治非传染性疾病。

②调节免疫功能 动物机体对疾病的抵抗力主要取决于机体免疫力的高低。中兽医学认为"正气存内，邪不可干"，体现了机体免疫力在动物抵抗疾病中的重要性。现代研究表明，中兽药能够提升机体细胞免疫功能或增加免疫细胞数量，促进动物免疫器官的发育，从而起到免疫调节的作用。如一些扶正固本类、补阳类、养阴类、活血化瘀类和清热解毒类方剂都有不同程度的免疫调节功效。

③抗应激 应激是机体受到各种致病因素的刺激时，所表现的非特异性全身反应，其特征是肾上腺皮质功能改变。动物在应激状态下，免疫功能下降，容易感染疾病。近年来许多研究人员就中兽药对处于应激状态下的畜禽的作用进行了广泛研究，结果发现许多中药如藿香、香薷、黄芩、朱砂、五味子、刺五加、三七、黄芪、甘草、益母草等均对畜禽具有不同程度的抗应激作用。

④提高生产性能 有的中药添加剂含有多种氨基酸、维生素、微量元素等营养物质，能增进机体新陈代谢，促进蛋白质和

酶的合成，从而促进生长，提高繁殖力和生产性能。主要作用表现在两个方面，一是促进生长，提高动物增重和饲料转化率。二是促进生殖，有催情促孕作用。如益母草、淫羊藿、阳起石配制的催情散可促进母猪发情。

⑤提高产品质量　包括改善肉品的气味、性状，增加营养成分，降低不良物质含量等。有的中药含有蛋白质、脂肪、糖类、维生素、矿物质等营养物质，可起到一定的营养作用并改善动物产品的品质；某些芳香类天然植物能够改善肉质的风味；有些中药中的某些成分（如天然植物色素、碘和硒等）可以在动物产品中沉积，提高动物产品的质量。

⑥健胃助消化　天然植物饲料添加剂能够促进动物消化液的分泌，提高消化酶的活性，增进食欲，促进消化吸收，增进物质代谢，从而提高生产性能。

⑦调节内分泌　许多植物含激素样物质，饲喂后产生激素样作用，促进动物的生长发育，提高生产性能。

⑧调味诱食　有些天然植物饲料添加剂具有特殊的香味，能够矫正饲料的味道，改善饲料的适口性，起到调味诱食、促进畜禽生长的作用。

（2）实用方剂

猪常用的中药方剂有很多，如僵猪散、白龙散、生乳散等临床疗效很好。

僵猪散：

［处方］牡蛎粉 10 千克，芒硝 10 千克，山楂 10 千克，食盐 5 千克，麦芽 5 千克，莱菔子 5 千克，使君子 2 千克，雷丸 1 千克，鹤虱 2 千克，何首乌 2.5 千克。

［作用与用途］开胃健脾，驱虫。用于肠道寄生虫病、僵猪。使君子、雷丸、鹤虱驱蛔虫、绦虫、钩虫等肠道寄生虫，此外还有抗菌、抗炎作用。芒硝、山楂、麦芽、莱菔子消积导滞。诸药合用，虫积能消，食积能除，具驱虫健脾助长之功。

［用法用量］将药物干燥，粉碎，混匀。混饲。猪 15～30 克／日。

白龙散：

［处方］白头翁 600 克，龙胆 300 克，黄连 100 克。

［作用与用途］清热燥湿，凉血止痢。主治湿热泻痢，热毒血痢，如仔猪红痢，猪痢疾等。

［用法与用量］将药物粉碎，过筛，混匀，即得。猪 10～20 克／日。

生乳散：

［处方］黄芪 30 克，党参 30 克，当归 45 克，通草 15 克，川芎 15 克，白术 30 克，续断 15 克，木通 15 克，甘草 15 克，王不留行 30 克，路路通 25 克。

［作用与用途］补气养血，通经下乳。主治猪气血不足的缺乳和乳少症。

［用法与用量］内服：猪 60～90 克／日。

肥猪散：

［处方］绵马贯众 30 克，何首乌（制）30 克，麦芽 500 克，黄豆 500 克。

［作用与用途］开胃，驱虫，补养，催肥。方中绵马贯众主要含有绵马酸类化合物，具有显著驱虫效果；制首乌补肝肾，益精血；麦芽含淀粉水解酶、蛋白分解酶、维生素 B 等，可促进胃液和胃蛋白酶的分泌；黄豆补充营养，炒用增加饲料香味，促进采食。用于食少，瘦弱，生长缓慢。

［用法与用量］将药物粉碎，过筛，混匀。猪 50～100 克／日。

催奶灵散：

［处方］王不留行 20 克，黄芪 10 克，皂角刺 10 克，当归 20 克，党参 10 克，川芎 20 克，漏芦 5 克，路路通 5 克。

［作用与用途］补气养血，通经下乳。治疗产后乳少，乳汁不下。

[用法用量] 将药物粉碎，过筛，混匀，即得。混饲，或温水调服。猪 40 ~ 60 克 / 日。

3. 发酵饲料

近年来，发酵饲料作为一种新型绿色的环境友好型饲料，在养猪生产中得到广泛应用。发酵饲料是指使用我国农业部发布的《饲料原料目录》《饲料添加剂品种目录》中允许的饲料原料和微生物菌种进行微生物发酵培养的微生物发酵饲料产品。其安全高效、环境友好、无残留的特点，是有效实现畜牧业高质量发展的重要途径之一。微生物发酵饲料是在可控条件下（温度、水分、氧气等），通过多种微生物的新陈代谢活动，将饲料原料中的部分大分子物质和抗营养因子分解或转化，产生更有利于动物采食和利用的富含微生物活性益生菌及其代谢产物的生物发酵饲料。通过微生物的发酵作用，饲料中的部分原料降解为易消化吸收的小分子蛋白、小肽、核酸、核苷酸和壳寡糖等，其中部分植物蛋白被转化为微生物蛋白，富含益生菌和各种酶类，可显著提高饲料消化率。发酵饲料中的益生菌及其乳酸菌素等高活性代谢产物，可以协同抑制与杀灭各种有害菌，提高动物机体免疫力与整体健康水平。

微生物发酵饲料从形态上可分为固态发酵饲料和液态发酵饲料。

固态发酵饲料。是指微生物在没有或基本没有游离水基质饲料上的发酵方式，是一种使用固态基质饲料来培养微生物发酵的生化反应过程，营养物质浓度存在一定梯度，水分活度低，微生物易生长。固态发酵在我国有着悠久历史，固态发酵饲料成功的关键，一是保证发酵饲料原料新鲜；二是保证发酵过程的成功。固体发酵的优点：培养基简单，多为便宜的天然基质；发酵饲料原料基质含水量低，可大大减少生化反应器的体积，不需要处理废水，环境污染较少，可实现清洁生产；发酵过程粗放，常不需要严格的无菌操作，后处理加工方便；产物的产量较高；设备构造简单，投资少，能耗低，易操作。缺点是发酵过程难以精确控制，容易感染杂菌，劳动强度大。

液态发酵饲料。是指参与发酵的饲料原料呈液态，水是培养基中的主要成分，微生物从溶解水中吸收营养物质的生化反应过程。液体悬浮状态是许多微生物的最适生长环境，液态发酵的优点：在液态环境中，菌体、底物、产物（包括热）易于扩散，使发酵在均质或拟均质条件下进行；便于检测、控制，易扩大生产规模；液体输送方便，易于机械化操作；发酵易控制，生产效率高。缺点是一次性设备投资大。液态发酵饲料在欧洲国家应用广泛，特别是丹麦、荷兰等农业密集型国家应用较多。液态发酵饲料作为一种新型无抗饲料，具有抑制病原菌增殖、提高畜禽生产性能、改善胃肠道健康、扩大饲料来源、降低生产成本等优势，可实现养殖过程中少用甚至不使用抗生素的目标，是规模化猪场高质量发展的未来趋势。

发酵饲料还以发酵原料进行分类，如以全价配合饲料为原料的全混合日粮发酵饲料；以酵母菌体为主的单细胞蛋白酵母饲料；以豆粕为原料的发酵豆粕饲料；以秸秆为主的青贮饲料等。

微生物的种类是影响发酵饲料品质的关键因素，微生物菌种只有具备良好的性能，才能应用于产业化生产，取得良好的生产效率和经济效益。目前常用的菌种主要有乳酸菌、芽孢杆菌、酵母菌、曲霉菌等。

发酵饲料与传统饲料相比具有独特的优势：①发酵饲料含有更高的酶（如淀粉酶，纤维素酶等）、有机酸、维生素和矿物质等有益的成分。②通过发酵，饲料中的营养成分更容易消化、吸收和利用，像棉籽饼或菜籽饼中的有毒成分含量也会降低，而且饲料中还含有大量菌体蛋白，增加饲料的蛋白含量。③对于纤维素含量高的饲料，发酵后口感更好，水分高的饲料，发酵后更容易保存。通过发酵可以提高饲料的价值和生物利用度。

（1）作用机理

①调节肠道微生态平衡　发酵饲料中含有多种益生菌，通

过动物采食饲料或饮水定植在动物肠道内，竞争性抑制有害微生物繁殖，改善肠道微生态平衡，促进肠道对营养物质的消化和吸收。定置在肠道黏膜表面的有益菌，能形成一道生物屏障，从而阻止有害菌的入侵，并防止有害物质和废物的吸收，有效增强动物机体对病原菌的抵抗力，保障动物机体健康。

②促进营养物质吸收、增强机体免疫力　发酵饲料在生产过程中，微生物大量发酵繁殖，产生多种次级代谢产物，包括一些有机酸、氨基酸、酶类、核苷酸及维生素等多种活性物质，增强肠道对营养物质的吸收，提高饲料的利用率，减少氨和其他腐败物质的产生，改善养殖环境。同时产生的一些抗菌物质能够有效抑制大肠杆菌、沙门氏菌等有害菌的生长繁殖，改善动物肠道环境，提高机体的免疫力。

③发酵底物吸收率显著提高　微生物发酵饲料常用的发酵底物有玉米粉、豆粕、麸皮、秸秆、酒糟等，这些物质中含有大量的抗营养因子，不能在动物肠道内充分消化吸收，影响饲料的利用率。通过微生物的体外发酵，一些大分子有机物如粗纤维被降解为小分子的有机酸等容易被肠道吸收的物质。同时，底物中的一些抗营养因子经过微生物的分解，水平降低或消除，能够促进动物对饲料的吸收，提高饲料的利用率。

④改善饲料的适口性　饲料经发酵产生了天然的酸香味，改善适口性，动物采食量增加。同时，能刺激消化液的分泌，提高消化酶的活性，加速对饲料营养成分进的分解，提高饲料利用率。发酵饲料中的有机酸还可以降低肠道 pH 值，抑制或杀灭病原菌，减少肠道疾病的发生。

（2）应用实例

①在母猪阶段的应用　在母猪日粮中添加微生物发酵饲料可以改善母猪的繁殖性能，保证断奶仔猪的健康生长。研究表明，发酵饲料能够在保证母猪正常营养所需基础上，对母猪泌乳能力、乳汁品质、断奶仔猪体重及健康状况等有很大的促进作用。

在妊娠期和哺乳期的母猪日粮中，全程添加 5%～10% 的生物发酵饲料能够增加母猪采食量、改善母猪机体的免疫功能和促进生长激素的分泌，初生窝活仔数提高 2%～25.1%；断奶仔猪数提高 19.65%～21.03%；断奶窝重提高 34.86%～38.59%；断奶成活率提高 3%～10.62%。另外，有机酸可以促进肠道蠕动，有利于母猪便秘的防治。

②在断奶仔猪阶段的应用　发酵饲料能够促进断奶仔猪的生长和提高饲料转化率。使用乳酸菌发酵液体饲料能显著提高断奶仔猪的采食量和生长速度。饲料经过乳酸菌发酵之后提供了许多生物活性物质，如功能性多肽、酶等，使饲料的消化吸收率大大提高，从而改善了断奶仔猪的生长性能。饲喂发酵饲料的仔猪粪便中大肠杆菌数量减少，乳酸菌数量大大增加，改善了仔猪肠道微生态平衡。

③在育肥猪阶段的应用　育肥猪饲喂发酵料可提高生产性能和营养成分消化率。发酵饲料能够消除抗营养因子，提高营养物质消化率；消除过量自由基，增强机体抗氧化能力；消除肠道病原菌，维持肠道菌群平衡；提高免疫功能，保证机体健康。但与仔猪不同，生长育肥猪机体各方面发育完善，对发酵饲料在生长性能等方面的反应不如仔猪明显。另外，饲喂发酵饲料可以提高育肥猪屠宰率和瘦肉率，肌肉肉色较鲜红，猪肉品质更好。

④在改善环境方面的应用　动物肠道内一些产气性腐败菌可使蛋白质腐败产生氨和胺、硫化氢、吲哚等有毒性物质。发酵饲料里的益生菌能有效抑制这些腐败菌繁殖，并在肠道内合成分解硫化物的酶类，将吲哚类化合物完全分解成水、二氧化碳等无臭无害物质，可以减少污染，改善环境，减轻有害气体对呼吸道黏膜的刺激和损害，减少呼吸系统疾病的发生率。

（3）发酵饲料的制作　目前，猪场自己制作的发酵饲料多为固态厌氧发酵的固态饲料（图 4-1），操作简单，一般根据生产规模和添加量确定每天的制作数量，适宜现场制作。

图 4-1　固态厌氧发酵饲料制作

①配置发酵物料　选购发酵饲料生产需要的优质菌种，按照生产厂家产品使用说明书，根据猪不同阶段的使用量（如 1 千克微生态产品发酵 1 吨猪全价饲料），配成含水量为 45%～55% 的发酵物料。判断标准，将拌好的发酵物料紧抓一把，指缝见水但不滴水，松开落地即能散开为适宜。发酵物料中不得含有抗菌药。

②装入容器　将混合均匀的发酵物料立即装入准备好的容器（如缸、池、塑料袋等）中，边装边用力压实，挤出物料中的空气，压的越实发酵效果越好。装满容器后加盖密闭。建议采购特制的发酵饲料包装袋，该包装袋上附加一个可以调节气压的硅胶膜。物料在发酵过程中产生二氧化碳，内部产生正压。当气压达到设定值，呼吸阀开放，以减少压差；低于设定压力，呼吸阀自动关闭。这样生产出来的发酵饲料质量和效果明显提高。

③发酵　发酵温度应保持 15℃ 以上，密封发酵 2～3 天，等有酸香、酒香气味时即可饲喂。温度在 20℃ 以上时，发酵时间更短，12～24 小时即可。

④饲喂　发酵饲料开封后宜尽快用完，一般在猪日粮中可以添加 5%～20%。

第五章
生产安全控制管理

规模猪场应在调研总结不同养殖规模猪场基础上，借鉴国际知名企业的先进理念和经验，应用工厂化生产理念，将规模场内的不同养殖车间看作一个个彼此联系但又相对独立的生产车间，通过强化各车间标准化的管理措施，营造适宜猪只生长和繁殖的环境，预防和控制疾病传播，实现猪只健康快速生长，保障食品安全。本章内容以商品猪生产为目标的规模猪场的生产管理为主。

一、后备车间

后备车间的生产目标是根据生产计划及时淘汰更新生产率低下的公猪和母猪。引进生产性能优良、健康的后备种公猪和母猪是保证规模猪场生产目标的关键环节。

1. 生产指标

保证后备母猪使用前合格率在 90% 以上，后备公猪使用前合格率在 80% 以上。

2. 工作流程

在配置自动饲喂系统和自动清粪设备的现代化猪场，一名合格的后备车间饲养员按操作流程工作，可以饲养管理 500 头后备母猪。表 5-1 是我国北方某大型现代化养猪场操作流程。

表 5-1　后备车间饲养员每日工作流程

序号	时段	事项	推荐时间
1	上午	沐浴、穿戴工作服进入生产区（打卡）	8:00～8:15
2		检查饲喂、清粪设备设施记录温度	8:15～8:30
3		催情、查情	8:30～8:50
4		配种	8:50～10:30
5		后备母猪转入基础种猪群	10:30～11:00
6		健康检查及问题母猪治疗	11:00～11:30
7		水电检查	11:30～12:00
8	中午	午餐、午休	12:00～13:30
9	下午	加料、清粪、打扫卫生	13:30～15:00
10		催情、查情	15:00～15:20
11		健康检查及问题母猪治疗	15:20～15:50
12		配种	15:50～17:20
13		整体检查后打卡下班	17:20～17:30

3. 饲喂管理

催情补饲，在配种前 14 天增加饲喂量至 3.5～3.75 千克/天，但注意环境条件可以影响食欲和采食量。配种至配种后 84 天每天给料 1 次，84 天后每天给料 2 次。后备母猪喂料见表 5-2。

表 5-2　后备母猪喂料表

阶段	饲料	饲喂量（千克/天）
配种前	哺乳料	2.5～3.5
配种后 0～20 天	妊娠料	2.0
配种后 21～63 天	妊娠料	2.2
配种后 64～84 天	妊娠料	2.5
配种后 85 天～上床	哺乳料	2.8

4. 初配指标

后备母猪初配指标见表 5-3。

表 5-3　推荐的后备母猪初配指标

项目	最低要求	目标
驯化适应期（周）	6	8
配种周龄（周）	32	36
体重（千克）	120	135～145
背膘厚（毫米）	12	16～18
发情次数	1	3
催情补饲天数（3 千克/天）	10	14

5. 免疫接种

按照本场免疫程序及时接种疫苗。

6. 诱导发情

后备母猪初情期一般在 165 日龄。有效刺激发情的方法是定期与成熟公猪接触，看、听、闻、触，母猪会产生静立反射。

按体型、年龄分群饲喂，在 182 日龄时开始刺激发情；每天让母猪在栏中接触 10 月龄以上的公猪 20 分钟，专人巡视避免计划外配种；配种公猪需经常替换，以保持母猪对公猪的兴趣；记录母猪初次发情日期。

如果后备母猪发情后未被及时发现，并继续与诱情的公猪接触，就会因熟悉公猪而失去对公猪的兴趣，在以后的发情中，发情症状就不明显。最好是将公猪单独饲喂，再赶到母猪栏内诱情。

针对后备母猪的发情问题，结合生产实际，推荐一种实用的后备母猪发情管理的方法——后备母猪 28 天发展计划（表 5-4）。实行该计划，可让有种用价值的母猪适时发情配种，并及时淘汰不具备种用价值的母猪，从而避免长时间饲养造成的资源浪费。

自后备母猪 160～180 日龄开始直至配种，每天用公猪诱情 2 次，记录静立、发情情况，并测定体重和背膘厚。

表 5-4　后备母猪 28 天发展计划

时间	工作内容
第 1～13 天	每天用公猪诱情
第 14 天	未发情后备母猪重新分栏，并对所有后备母猪继续诱情
第 23 天	对未发情后备母猪注射 PG600
第 28 天	鉴定出所有合格后备母猪，淘汰未发情的母猪

7. 查情

自后备母猪 160～180 日龄开始，每天上午、下午各 1 次将公猪赶到后备母猪栏 5～10 分钟，使用公猪催情时员工应按压母猪后背、摩擦母猪乳房刺激后备母猪发情。催情持续至后备母猪发情，登记发情母猪耳号、发情日期，做好后备母猪发情记录，并将该记录移交配种车间。母猪发情记录从 160～180 日龄开始，准确记录初次发情期，以便在第二或第三次发情时及时配种。

发情分三个阶段：发情前期，母猪表现烦躁不安，食欲减退，尖叫，咬栏，阴门红肿，呈樱桃红色，流出黏液，被同栏母猪爬跨，无静立反射，此时不接受公猪爬跨。发情期，母猪目光呆滞，食欲显著下降，甚至不吃，在圈内频繁走动，时起时卧，爬墙、跳栏，爬跨其他母猪，阴唇黏膜呈紫红色，黏液多而浓，用手按其臀部，静立不动，允许公猪接近和爬跨。发情后期，母猪食欲逐渐恢复正常，变得安静，喜欢躺卧，阴户肿胀减退，拒绝公猪爬跨。

后备母猪 36 周龄体重在 135 千克以上时开始配种。40 周龄后不发情的母猪采用公猪接触、饥饿、调栏、并栏、运动等方法进行人工催情，仍不发情的注射 PG600，观察 1 个情期还不发情的猪只要淘汰。

8. 后备母猪的淘汰

有下列情况的后备母猪应淘汰：不符合品种特征，肢蹄运动障碍，体重不达标，患有萎缩性鼻炎等呼吸系统疾病，注射疫苗过敏，经催情处理仍不发情。

二、种公猪车间

种公猪车间的生产目标是规范种公猪的饲养管理，确保种公猪健康，顺利实现配种计划，规范人工授精站，严格按照操作规程进行精液生产，减少不合格精液的发生率，确保人工授精所用精液的质量。

1. 生产指标

公猪年更新率为50%～100%，原精液品质符合国家规定，公猪稀释精液的合格率为100%，后备公猪调教合格率≥90%。

2. 工作流程

公猪车间饲养员每日工作流程和公猪车间每周工作流程见表5-5和表5-6。

表5-5　公猪车间饲养员每日工作流程

序号	时段	事项	推荐时间
1	上午	沐浴、穿戴工作服进入生产区（打卡）	8:00～8:15
2		上班巡栏，查看猪群整体情况和处理紧急事件	8:15～8:30
3		检查环境控制设备，记录车间内温度、湿度、空气质量	8:30～8:45
4		采精	8:45～9:30
5		投料	9:30～10:00
6		检查猪群，护理治疗问题猪只，如有疑难，请教兽医	10:00～10:30
7		清理栏体和采精室的卫生	10:30～10:45
8		调教后备公猪	10:45～11:30
9		消毒，并更换消毒池、消毒桶的消毒药水	11:30～11:45
10		检查环境控制设备，记录车间内温度、湿度、空气质量	11:45～12:00

续表 5-5

序号	时段	事项	推荐时间
11	中午	午餐、午休	12:00～13:30
12		上班巡栏，查看猪群整体情况和处理紧急事件	13:30～13:45
13		检查环境控制设备，记录车间内温度、湿度、空气质量	13:45～14:00
14		采精	14:00～14:30
15		投料	14:30～15:00
16		检查猪群，护理治疗问题猪只，如有疑难，请教兽医	15:00～15:30
17	下午	清理栏体和采精室的卫生	15:30～15:45
18		调教后备公猪	15:45～16:30
19		协助兽医免疫注射，注意观察免疫后的情况	16:30～17:00
20		检查环境控制设备，记录车间内温度、湿度、空气质量	17:00～17:15
21		填写报表，记录当天工作内容，制定第二天工作流程	17:15～17:30
22		整体检查后打卡下班	17:30

表 5-6 公猪车间每周工作流程

日程	工作流程
周六	淘汰猪鉴定；药品用具领用
周日	大清洁大消毒；更换消毒盆、消毒池的消毒液
周一	驱虫、免疫注射
周二	接收后备公猪
周三	大清洁大消毒；更换消毒盆、消毒池的消毒液
周四	计划下周领用物品
周五	设备检查维修；周报表，下周工作安排

3. 日常饲养管理要点

饲养员在驱赶过程中或配种过程中绝不可粗暴对待公猪，最好使用赶猪板。

饲喂专门的公猪配合饲料，日喂 2 次。根据公猪的膘情，7 月龄以前每头每天喂 2.2～2.7 千克，7 至 8 月龄喂 2.5～3 千克，8 月龄以上喂 2.8～3 千克。每餐不要喂得过饱，以免公猪饱食贪睡，影响性欲和精液品质。

温度与通风：适宜公猪生长的环境温度为 18～25℃，应做好夏季防暑和冬季保温工作。冬季公猪站空气污浊，上午应配合风机通风换气。

刷拭、冲洗猪体：在高温季节，于公猪站内选择一大栏，上方安装喷水装置，每天轮流安排公猪淋水、刷洗 1 次，有助于提高公猪生产性能。

采精调教：后备公猪达 7 月龄，体重达 120 千克，膘情良好即可开始采精调教。公猪自调教开始，建议单栏饲养。

注意工作安全：工作时保持与公猪的距离，不要背对公猪，公猪试情或采精结束时，需要将正在爬跨的公猪从母猪背上（或假母台）拉下来，这时要小心，不要推其肩和头部以防遭受攻击。

防止公猪体温的异常升高，高温、严寒、患病、打斗、剧烈运动等均可导致体温升高，即使短时间的体温升高，也可能导致长时间的不育，因为从精原细胞发育至成熟精子约需 40 天。

保持圈舍与猪体清洁，及时驱除体内外寄生虫。

对性欲低下的公猪可肌肉注射丙酸睾酮 100 毫克／天，隔天 1 次，连续 3～5 次，情况严重或治疗无效的公猪需淘汰。

注意保护公猪的肢蹄，控制好地面湿度，减少不必要的冲栏。

4. 后备公猪的调教

后备公猪自 7 月龄开始采精调教。先调教性欲旺盛的公猪，其他猪隔栏观察。挤出公猪包皮积尿，清洗公猪的后腹部及包皮部，按摩公猪的包皮部。将发情母猪的尿或阴道分泌物涂在假台猪上，同时模仿母猪叫声，也可以将其他公猪的尿或口水涂在假台猪上，诱发公猪爬跨。假台猪诱导不奏效时，可用一头发情母猪让公猪空爬几次，在公猪很兴奋时赶走发情母猪，使其爬跨假台猪。也可采取强制将公猪抬上假台猪的方法。公猪爬上假台猪后即可采精。

对于难调教的公猪，可进行多次短暂训练，每周4～5次，每次15～20分钟。调教成功以后，每天采精1次，连采3次。如果公猪表现出厌烦、受挫或失去兴趣，应该立即停止调教训练。

在公猪很兴奋时，采精员要注意公猪和自己的安全，采精栏必须设有安全角。无论哪种调教方法，公猪爬跨后一定要进行采精，否则，公猪很容易对爬跨假台猪失去兴趣。调教时，不能让两头或两头以上公猪同时在一起，以免引起公猪打架。调教过程中，要让公猪养成良好的习惯，便于今后的采精工作。

5. 采精

（1）采精前准备

①采精室准备　采精前先将假猪台周围清扫干净，特别是公猪精液中的胶体，一旦残落于地面，很容易使公猪滑倒，造成扭伤影响生产。采精室内避免积水、积尿，不能放置易滑倒或能发出较大响声的东西，以免影响公猪射精。不得堆放物品，以利于采精人员在有突发事件时迅速转移至安全区域。

②实验室准备　实验室的卫生和消毒应在采精前完成。操作台、墙面、地面清洁，器具消毒无菌，室内无灰尘。预热设备，恒温载物台、载玻片、盖玻片预热至37℃左右；恒温水浴锅、稀释液、分装瓶（袋）预热至35℃左右。准备好实验室器材，包括显微镜、电子秤、精子密度仪、温度计等。实验室温度调整到20～24℃。

③采精杯准备　将食品级保鲜袋或聚乙烯袋放进采精用的保温杯中，工作人员只接触留在杯外的开口部分，将袋口打开，翻折套在保温杯口边缘，并将消毒的四层滤纸罩在杯口上，用橡皮筋套住，连同盖子一同放入37℃的恒温箱中预热，将预热好的采精杯放入保温箱内，放在实验室和采集区之间的传递窗口。

④公猪准备　公猪应符合种用标准且经过调教的方能进行采精。采精前，先剪去公猪包皮部位的被毛，用毛巾擦去腹部特别

是包皮部位的脏物，挤出包皮积尿，用0.1%高锰酸钾溶液消毒腹部及包皮部，再用温清水洗净擦干，以免污物落入采精杯污染精液。

（2）**采精操作** 猪场生产中常用的方法是手握采精法。采集人员必须技术熟练，动作迅速，以免伤到种公猪。采精人员清洗消毒双手，准备好采精杯。采精员戴双层消毒手套，橡胶手套戴在里面，外面再套一层塑料手套。

将公猪赶到采精室，先让其嗅拱假母台，用手抚摸公猪的阴部和腹部，刺激其性欲。当公猪性欲达到旺盛时，会爬跨假母台，伸出阴茎龟头来回抽动。此时，采精员立即蹲在假母台的后方（采精员要始终面向公猪的头部，能随时注意到公猪的变化，防止公猪突然跳下时被伤到），去掉外层手套，迅速握住公猪阴茎前端的螺旋部，不让阴茎来回抽动，随着阴茎的波动而有节律的捏动，以增加公猪的快感，手握的松紧度以不让阴茎滑落为宜，随公猪阴茎抽动，顺势小心地把阴茎全部拉出包皮外。

当公猪开始射精时应停止捏动，但不要松手，可将拇指与食指稍微张开，露出阴茎前端，让精液无阻挡地射出。公猪最先射出的精液往往较稀，且常被尿液等脏物污染，故不予收集。待射出乳白色精液时，用另一只手持采精杯，在阴茎前端收集精液，直到射精完毕。公猪的射精过程需5～10分钟，要耐心操作。当猪射精完毕退下假母台时，手轻轻顺势将其阴茎送入包皮中。采精完毕后要立即丢掉滤纸，盖好采精杯盖，送往实验室检查，公猪则赶回原栏。

（3）**采精频率** 后备公猪每周采精1次，成年公猪每周采精3次。

6. 原精液检查

依据《GB/T 25172—2010 猪常温精液生产与保存技术规范》的要求，原精液品质应符合表5-7规定。

表 5-7　原精液品质

项目	指标
外观	呈乳白色，均匀一致
气味	略带腥味，无异味
采精量（毫升）	≥ 100
精子活力（%）	≥ 70
精子密度（10^8 个 / 毫升）	≥ 1
精子畸形率（%）	≤ 18
细菌菌落数（CFU/ 毫升）	≤ $1 × 10^3$

　　将精液袋放入 35℃的水浴锅内保温，以免因温度降低而影响精子活力。原精液的检查要迅速准确，一般在 5 分钟内完成。

　　（1）外观　正常精液的颜色是乳白色或灰白色，精子的密度越大，颜色越白；密度越小，颜色越淡。颜色异常时，说明公猪精液不纯或公猪有生殖道病变，如果精液呈绿色或黄绿色可能混有化脓性的物质，呈红色可能混有血液，呈褐色或暗褐色可能有陈旧血液或组织细胞，呈淡黄色可能混有尿液等。

　　（2）气味　正常、纯净的精液只有一点腥膻味。精液气味异常包括精液臊味很大，可能受尿液污染；精液有臭味，可能混有脓液。异常的精液必须废弃。生产中根据精液外观和气味的异常情况，检查公猪的健康状况及采精过程是否存在失误，以便纠正。

　　（3）采精量　可用称量法计算采精量，1 克相当于 1 毫升，此法较方便、准确。

　　（4）精子活力　取中层精液 15 ~ 25 微升滴于载玻片上，盖上盖玻片，在 37℃条件下，放在 200 ~ 400 倍显微镜下观察精子活力。每份精液取样 2 次，每个样品观察 3 个视野，计算平均值。评价精子活力一般采用 10 级制，即在显微镜下观察一个视野内做直线运动的精子数，若有 90% 的精子呈直线运动则其活力为 0.9，有 80% 呈直线运动则其活力为 0.8，依此类推。

（5）**精子密度**　精子密度是指每毫升精液中所含的精子数，是评定精液品质、确定精液稀释倍数的重要依据。测定精子密度的方法有估测法、血细胞计数法、精子密度仪测量法和分光光度计法。

①估测法　本法与检查原精液活力同时进行。在显微镜下观察视野中精子的分布和密度，分密、中、稀三个等级。这种方法简单，但主观性强，误差较大，只能进行粗略评估。密，整个视野中布满精子，精子之间的空隙小于 1 个精子头长，看不清单个精子的活动情况，每毫升含精子 10 亿个以上。中，视野中精子比较分散，精子之间的空隙有 1～2 个精子头长，可见单个精子的活动情况，每毫升含精子 2 亿～10 亿个。稀，视野中精子之间空隙很大，甚至能数清视野中精子数量，每毫升含精子 2 亿个以下。

②血细胞计数法　这种方法较准确，但用时较长、效率低，生产中一般不采用。

③精子密度仪测量法　此法极为方便，检查耗时短，准确率高，设备使用寿命长，但价格较高。

④分光光度计法　检查较准确，使用方便，较为适用。缺点是会将精液中的异物按精子计算，检测值比真实值大。

在测量精子密度时，要定期用红细胞计数法对精子密度仪和分光光度计法的检测结果进行校正。

（6）**精子畸形率**　畸形精子包括巨型、短小、断尾、断头、顶体脱落、有原生质滴、大头、双头、双尾、折尾等。它们一般不能做直线运动，授精能力差，但不影响精子的密度。

7. 精液稀释

精液稀释的目的是使一头公猪的繁殖力比自然交配扩大多倍，且受胎率不下降。精液稀释液是为精子提供营养成分和缓冲剂，维持精液的酸碱度、适当的渗透压和电解质平衡，抑制细菌生长，有利于精液的保持和运输。

（1）**精液稀释液的配制**　采用稀释粉配制，用精密电子天平，不得更改稀释液的配方或将不同的稀释液随意混合。配制好后应先放置 1 小时以上再用于稀释精液，液态稀释液在 4℃冰箱中保存不超过 24 小时，超过贮存期的稀释液应废弃。

稀释精液前将抗生素添加到稀释液中，不宜过早。配制稀释液的药品要求分析纯，对含有结晶水的试剂按摩尔浓度进行换算。按稀释液配方，用称量纸和电子天平按 1 000 毫升和 2 000毫升剂量准确称取所需药品，称好后装入密闭袋。配置前 1 小时将称好的药品溶于定量的双蒸水中，用磁力搅拌器溶解，如有杂质需要用滤纸过滤。稀释液配好后及时贴上标签，标明品名、配制时间和经手人等。用 37～39℃ 水浴锅预热，备用。

（2）精液的稀释处理　稀释精液必须在恒温条件下进行，品质检查合格的精液在 37℃ 恒温下预热，严禁太阳光直射精液。精子活力在 0.7 以下的精液不宜稀释。

①稀释液的用量　适宜的稀释倍数应根据精子密度、活力和稀释后的保存时间来确定，如果稀释后保存时间较长应适当降低稀释倍数，减少稀释液用量。

稀释液用量的计算公式如下。

$$V = \frac{V_1 \times c}{s} \times V_2 - V_1$$

V：稀释液用量，单位毫升；V_1：采精量，单位毫升；c：精子密度，单位 10^8 个/毫升；s：每头份中含精子总数，单位 10^8个；V_2：每头份剂量，单位毫升。

②温度调节　调节稀释液的温度与精液一致（两者相差 1℃以内）。必须以精液的温度来调节稀释液的温度。

③逐级稀释　将精液移至 2 000 毫升大塑料杯中，稀释液沿杯壁缓缓加入精液中，轻轻搅匀。如需高倍稀释时，先进行 1∶1低倍稀释，1 分钟后再将余下的稀释液分步缓慢加入。精液稀释的每一步操作均要检查活力，稀释后静置 5 分钟再做活力检查。若活力下降，需查明原因并加以改进。

④混精的制作　2 头或 2 头以上公猪的精液 1∶1 稀释以后，

可以做混精。做混精之前，需各倒一小部分混合起来，检查活力是否下降，如有下降则不能做混精。把温度较高的精液倒入温度较低的精液内。每一步都需检查活力。

⑤用具的洗涤　精液稀释的成败，与所用仪器的清洁度有很大关系。稀释所用烧杯、玻璃棒及温度计，都要及时用蒸馏水洗涤，并高温消毒。

8. 精液的分装

精液稀释后，将活力不低于 0.7 的精液进行分装，每头份 60～80 毫升。精液分装时要排出瓶中的空气后加盖密封，贴上标签，标明公猪耳号、公猪品种、生产日期、保存期限及精液编号。稀释后的精液也可以采用大包装集中贮存，但也要在包装上贴上标签。

9. 精液的保存

精液保存是利用一定范围内的温度环境抑制精子的活动，以减少其能量消耗，使精子保持在可逆的静止状态而不丧失授精能力，延长精子的存活时间。

精液稀释分装后，在 22～25℃的室温下逐步降温，1～2 小时后放入 17℃恒温箱内避光保存，或用 4 层干毛巾包好后直接放在 17℃恒温箱中。恒温箱中必须放有灵敏温度计，随时检查其温度（16～18℃）。精液放入恒温箱后，每隔 12 小时轻缓摇匀精液 1 次（上下颠倒），防止精子沉淀聚集造成精子死亡。一般可在上午上班、下午下班时各摇匀 1 次，并记录摇匀时间和操作人员。超过 12 小时，应安排夜班人员于凌晨摇匀。恒温箱应一直处于通电状态，尽量减少开关门次数，防止频繁升降温对精子的影响。保存过程中，一定要随时观察恒温箱内温度的变化，出现温度异常或停电，必须普查所有贮存精液的品质。精液一般可保存 3～7 天。

10. 精液的运输

精液应采用专业的 17℃±1℃恒温运输箱运输。精液运输中避免剧烈的震动和碰撞，最好使用防震的衬垫。精液运输到场后分品种放置，以免拿错。尽快给母猪输精，避免超过有效期。

11. 淘汰标准

为保证种公猪的更新换代，最大程度发挥优秀公猪的遗传潜能，提高猪场的生产效益，在生产过程中失去种用价值的公猪必须淘汰。

（1）疾病原因　①有先天性生殖器官疾病的后备公猪。②因肢蹄病而影响配种或采精的公猪。③种公猪定期抽血送检，发现严重传染病立即淘汰。④发生普通疾病治疗两个疗程未康复，因病长期不能配种或采精的公猪。⑤性情暴躁、攻击工作人员的公猪。

（2）配种原因　①10月龄以上不能使用的后备公猪。②性欲低、配种或采精能力差的公猪。③精液品质长期不合格的公猪。

（3）种用原因　①生长性能差、综合指数排名低于平均值的公猪。②不符品种特征、外形偏离育种目标、体型评定为不合格的公猪。③核心群配种使用超过1.5年的成年公猪。④后代出现性状分离或畸形率高的公猪。⑤体况极差的公猪，体况评分为过肥（超过4分）或过瘦（低于2分）。⑥因其他原因而失去种用价值的公猪。

三、配怀车间

配怀车间的工作重点是保证有足够的母猪参加配种和顺利分娩，从而得到足量的健康仔猪。

1. 生产指标

完成每周配种头数（根据本场的母猪群和配种计划）；年产活仔数达26头以上；年产窝数达2.3胎以上；窝产活仔达11头以上；分娩率达85%以上；初生重平均达1.4千克以上；经产母猪年更新率为35%～50%；断奶母猪断奶后7天内发情率达90%以上。

2. 工作流程

配怀车间工作流程参考表5-8。

表5-8　配怀车间每日工作流程

序号	时段	事项	推荐时间
1	上午	沐浴、穿戴工作服进入生产区（打卡）	8:00～8:15
2		检查设备设施，饲喂、清粪、记录温度	8:15～8:30
3		查情	8:30～8:50
4		配种	8:50～10:30
5		配后0天、84天、107天、断奶母猪转群	10:30～11:00
6		健康检查及问题母猪治疗	11:00～11:30
7		水电检查	11:30～12:00
8	中午	午餐、午休	12:00～13:30
9	下午	加料、清粪、打扫卫生	13:30～15:00
10		健康检查及问题母猪的治疗	15:00～15:30
11		查情	15:30～15:50
12		配种	15:50～17:10
13		整体检查后打卡下班	17:10～17:30

3. 环境控制管理

配怀车间的环境控制应达到《GB/T 17824.3—2008　规模猪场环境参数及环境管理标准》中温度和湿度参数及空气卫生的要求。

技术员每天要如实登记温度和湿度，一天的温差不能超过5℃。在炎热的夏天，要定期检查风机是否正常工作，采取风机通风和开启水帘同时降温。如果发现母猪呼吸频率过高，则需要滴水降温，但要注意车间内湿度，如果湿度超过80%，则要间歇滴水。

在寒冷冬季，养殖车间内不但要做到保温，还要把空气质量调控至标准范围，可采用减少风机的开启频次和数量、用卷帘或彩条布挡住水帘降低进风量等措施，起到保温的作用。

定期对水质和饮水器出水量进行检查，饮水器水流量要达到2升/分钟，防止滴漏跑冒。

4. 驱虫管理

每年春秋季节使用芬苯达唑预混剂拌料饲喂母猪（用量按说明书），驱除体内寄生虫不少于2次。可同时使用双甲脒溶液喷洒全身（用量按说明书），也可在产前转入产房时沐浴驱除体表寄生虫。

5. 饲喂管理

配怀车间母猪的喂料量，根据母猪的妊娠天数和膘情而定。配种母猪饲喂量参考表5-9。

表5-9 配怀车间母猪饲喂量 （单位：千克/天）

阶　　段	饲　料	后备母猪	经产母猪
配种前	哺乳料	2.5～3.5	3.5
配种后1～35天	妊娠料	2.0	2.3
配种后36～84天	妊娠料	2.2	2.3～2.6
配种后85天至分娩	哺乳料	2.5	3.0～3.5

喂料需要注意：技术员根据母猪妊娠天数和膘情确定喂料量并填好饲喂量卡，饲养员根据饲喂量卡投放喂料；每天饲喂1～2次，做好饲料的出库登记，采用先进先用原则，避免饲料发霉变质；加料时间应控制在1小时之内，避免应激太大；种猪喂料卡每猪一张，配种后与该猪繁殖卡同时填写，挂在对应栏前；从配种后第四天开始挂喂料卡，确保精确饲喂。

6. 健康检查

配怀车间母猪的健康检查项目主要包括：精神状态，体温（37.8～39.3℃），呼吸频率（30次/分钟左右），眼睛、鼻孔和鼻镜。

技术员每天上午、下午查情时，驱赶母猪起来，观察其状态和肢蹄。若母猪没有发情，没有注射疫苗，但采食量下降，应引起注意，做好记号，连续观察几天，并对症治疗。当发现猪群有5%的猪出现同一症状，要向上级汇报，并由主管人员制订相应的治疗方案。

7. 体况评分

（1）**目测评分法** 生产中常用目测评分法对母猪膘情进行评判。目测评分法是通过对母猪躯体三个较重要的部位脊柱、尾根、骨盆进行检查而得出母猪体况的综合性评价。评判标准见表5-10、表5-11和图5-1。目测评分法主观性较强，需要丰富的经验。

表5-10 母猪膘情评分表

分数 部位	1分	2分	3分	4分	5分
脊柱	突出，明显可见	突出但不明显、易摸到	看不见、可以摸到	很难摸到、有脂肪层	摸不到、脂肪层厚
尾根	有很深的凹陷	有浅凹陷	没有凹陷	没有凹陷、有脂肪层	脂肪层厚
骨盆	突出明显可看到	突出可看到、易摸到	突出看不到、可以摸到	突出看不到、用力压可摸到	突出看不到、用力压摸不到

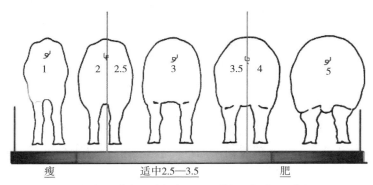

瘦 适中2.5—3.5 肥

瘦（<2.5分），适中（2.5～3.5分），肥（>3.5分）

图5-1 母猪膘情示意图

表 5-11 妊娠各阶段母猪的标准膘情

各阶段母猪	标准膘情评分值
断奶母猪	2.5～3
断奶至配种母猪	2.5
配种后 1～35 天母猪	2.5
配种后 36～84 天母猪	3～3.5
配种后 85 天至分娩母猪	3.5～4

（2）**超声波背膘测定法** 利用超声波测定母猪 P2 点背膘来评定母猪体况。P2 点背膘是国际养猪业通用的一个基础数据，是指猪最后一根肋骨连接处距背中线 6.5 厘米处的背膘厚度。通过对母猪 P2 点背膘厚度进行测定，以数字化的方法来对母猪体况进行表达，可以减少误差。

超声波有 A 超和 B 超两种，推荐使用 B 超测定仪。后备母猪生长期最低标准：150 日龄体重达到 100 千克，P2 点背膘厚达到 12～14 毫米。后备母猪第一次配种时背膘标准：体重达到 135～150 千克，P2 点背膘厚达到 16～20 毫米。经产母猪体况要求：断奶时母猪 P2 点背膘厚达到 16.5～17 毫米，妊娠中期结束 P2 点背膘厚达到 19 毫米，分娩时 P2 点背膘厚达到 19～21 毫米。

8. 发情检查

（1）**发情检查** 母猪断奶后从第三天开始，在上午饲喂后 30 分钟及下午下班前 2 小时，每天 2 次将成年公猪赶入母猪栏查情。正常情况下在断奶后 5～7 天有 90% 母猪发情。后备母猪在后备车间有发情史的于 6～7 月龄转入配怀车间，隔圈养在断奶母猪栏之间，每天 2 次继续用试情公猪刺激。母猪的发情表现同后备母猪。记录发情母猪的品种、耳号等，做好配种准备。母猪断奶 10 天后仍不发情的应人工诱导发情。

人工诱导发情是指利用人工的方法，通过某种刺激（性刺激、环境变化、激素处理等）诱导乏情的母猪发情，达到缩短繁殖周期、增加胎次的目的。方法为：每天公猪继续诱情2～3次，每次接触5～15分钟，并将不发情的母猪由一个圈迁移至另一个圈，5～6头并为1群，饥饿1天，配合室外运动效果更佳。7天后仍然不发情的母猪，注射激素如PG600 1头份，观察21天，再不发情的淘汰。

（2）**适时配种**　适时配种可以提高配种率（表5-12）。

表5-12　最佳配种时间

母猪种类	查到发情时间	最佳配种时间
后备/超期发情母猪	早上	早上、下午、次日早上
	下午	下午、次日早上、次日下午
经产母猪	早上	下午、次日早上、次日下午
	下午	次日早上、次日下午、第三天早上
返情母猪	早上	早上、下午、次日下午
	下午	下午、次日早上、次日下午
问题母猪	隔一个发情周期后，查到发情立刻开始配种	

9. 人工授精技术

猪的人工授精就是人为地采集公猪精液，经过一定的稀释处理，再输到母猪子宫里，使其受孕。随着养猪规模的日益扩大和繁殖技术的逐渐进步，猪的人工授精技术因具有诸多优势而越来越受到人们重视。其对加快生猪品种改良进度，降低饲养成本，有效控制猪群疫病的传播，提高母猪的受胎率和繁殖率具有重要作用。

（1）**人工输精（AI）**　不同的输精员输精对母猪妊娠率影响很大，应选择责任心强、技术水平高的输精员进行输精。

①输精时先用0.1%高锰酸钾溶液擦洗母猪外阴及其周围，再用生理盐水冲洗2次，确保输精过程无污染。②用润滑油润滑输精管的螺旋体或海绵头，用手打开阴户向上倾斜45°插入输精管10厘米左右，再水平方向插进，边插边捻转边推进。再插

入 30 厘米左右感到不能再插入时表示输精管在进入子宫颈外口时受到阻滞，此时应边旋转输精管边通过子宫颈。当感觉阻力较大时，逆时针旋转，然后轻轻回拉，输精管被子宫颈口锁定。③连接好精液瓶（袋）并轻压，感觉流进无阻时，输精员面向猪尾巴倒骑在猪背部，一只手拿输精瓶输精，另一只手按摩和抚摸母猪，同时用脚后跟刺激母猪腹部两侧和乳房，促进母猪子宫收缩并把精液吸入，禁止将精液挤进子宫。此过程需要 5 ～ 10 分钟，输精员一定要有耐心并保持安静。④输精完成后，不得急于拔出输精管，在防止空气进入的情况下，把精液瓶（袋）取下，输精管尾部打折插入去盖的精液瓶（袋）中，既防止空气进入又防止精液倒流。2 ～ 3 分钟后确定无精液倒流，顺时针转动输精管，使其脱离子宫颈口并拔出，输精过程结束。

母猪卡跟着猪走，配种结束后，登记好配种资料，妊娠期按 114 天算，计算好预产期并写到母猪卡上。为保证母猪妊娠率，每头母猪应配种 2 ～ 3 次。

注意事项：①有时由于输精的刺激引起母猪努责，导致精液倒流。因此，输精时应快慢适中，严禁动作粗暴。②若输精过程中有精液流动不好或不流，可采取将输精管稍退或轻挤输精瓶等措施。③对于经产多胎的母猪，会有锁不住输精管的现象，输精时应尽量限制输精管的活动范围，对于此类母猪应该适当延长输精时间，通过刺激母猪敏感部位加强精液吸收。④输精时若有出血现象，应分析出血部位，完成配种后进行消炎治疗 2 ～ 3 次。⑤为配种后母猪提供安静、舒适的环境，母猪配种结束后立即赶到限位栏，按时间顺序依次排放。配种后 7 ～ 30 天的母猪不应赶动或混群。

（2）深部输精（PCAI） 全称为子宫颈后人工授精，与常规子宫颈内授精相比，在将常规输精管插入子宫颈褶皱后，再插入 1 支细的、半软的输精内管。输精内管比常规输精管长 15 ～ 20 厘米，可以通过子宫颈褶皱进入子宫体（图 5-2）。

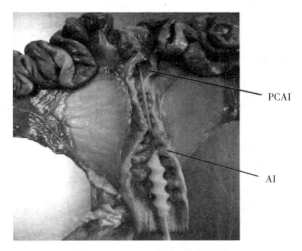

图 5-2　PCAI 和 AI 输精部位

　　深部输精操作方法：①待配母猪先查耳号，以便确定配种公猪品种和耳号。②待配母猪转入配种栏，配种前将外阴部清洗干净，然后用生理盐水冲洗，再用棉球或纸巾擦干。③打开输精管包装，不要用手直接接触以免污染输精管，尤其是泡沫头。④先将润滑凝胶均匀涂在外管泡沫头上，不要堵住泡沫头的开口，按常规方法（与传统 AI 程序相同）将外管插入母猪子宫颈褶皱处。⑤握住外管后端，将内管插入，注意避免触碰内管的无菌末端，向前推送内管，感到阻力时（子宫颈未完全松弛时，内管很难插入），稍等 30 秒，此时可对下一头母猪尝试插入，之后返回来继续插入。⑥内管完全插入后，将外管轻轻推入一些，如果内管轻微退回，说明内管位置不正确，需要重新进行内管插入操作，确保内管不再退回时，固定好内管。⑦选择配精液，开启封口，连接输精管，输精时用一只手握住外管，另一只手将精液缓慢、持续地挤入。确保足量精子进入生殖系统内，推荐输入精液剂量为20 亿 /45 毫升。⑧在输精过程中，要检查有无回流现象，若无回流，则继续将精液缓慢挤完；若发生回流，则表明输精管插入不正确，需丙输入 1 份精液。⑨输精完毕，将内管和输精瓶一起抽出，外管顺时针绕 15 圈缓慢抽出。⑩抽出输精管后，将公猪放在母猪前面、后侧面进行刺激，时间至少为 1 小时。

不同类型母猪的配种时间参照 AI 执行。

注意事项：①确保配种时严格的卫生操作。待配母猪在 PCAI 前至少 1 小时不能与公猪接触。在 PCAI 配种时，不需要公猪接触。② PCAI 最好不用于后备母猪，其中 10%～15% 的一胎断奶猪不愿意接受宫内人工授精。对不接受 PCAI 的猪只，赶来公猪进行常规 AI。③进行 PCAI 操作的员工需要良好的培训。

PCAI 的优点：减少公猪的使用量，减少稀释剂和精液的使用剂量，可以最大化使用估计育种值（EBV）高的公猪，较快的输精时间，可以减少配种劳动力。缺点：对配种卫生要求更严格，一般来说不会较大提高生产表现，所用输精管成本较高，低剂量的精液对温度波动更敏感。

10. 返情检查

所有配过种的母猪都应该在配后 17 天开始查情，直到确认妊娠为止。

情期正常的母猪会在 18～24 天（或 37～44 天）返情，如无炎症可以进行配种。配种后 25～36 天或 45～56 天返情的母猪由于胚胎早期死亡，不能立即配种，要等下一情期才能配种。

骨骼钙化开始后死亡的胎儿会造成木乃伊胎，如果全窝都是木乃伊胎可能与细小病毒或伪狂犬病毒有关，且不会返情。

流产母猪第一个情期不宜配种，等下一个情期进行配种。

11. 妊娠检查

改善妊娠检查率比改善分娩率容易得多，妊娠检查对于所有妊娠母猪来说都是基本的程序。训练有素的操作者能在妊娠 25 天左右检测出是否妊娠。B 超仪能在 21 天返情前检测出是否妊娠。配种后 28 天胚胎着床结束，因此所有早期妊娠检查都必须在配种后 30 天重新确认。在配种后 25 天、35 天使用 B 超进行两次妊娠检查，以便在 42 天返情时对妊检阴性和问题母猪采取相应的措施。对所有母猪进行有规律的妊娠评估很重要，因为即使在妊娠检查确定后少数母猪也有胚胎再吸收和流产的可能。

12. 分群管理

配种妊娠舍母猪应分批饲养，以周为生产批次，将同一周配种的母猪分为一批。将配种结束后 12 小时之内的母猪从配种栏转移到定位栏。

妊娠前期母猪（配种后 1～35 天）放在配种车间饲养，此时受精卵着床还不稳定，不要转栏，便于以后的妊娠鉴定、转群、换料、疫苗注射等工作。

妊娠中期母猪（配种后 36～84 天）从配种后 36 天开始，按批从配种车间转移到妊娠车间。转移前做好妊娠车间的消毒工作，保证空栏时间不少于 7 天，转移当天对转入母猪进行冲洗消毒。如果是在炎热的夏日转移猪群，最好是在早上或晚上；如果是在寒冷的冬天，则选择在中午。赶猪时要有耐心，不能粗暴，以减少母猪应激。

妊娠后期母猪（配种后 85 天至分娩），标记出腹部不大、不能确定是否妊娠的母猪，再次用 B 超检查确定。

预产期前 5～7 天的母猪转入分娩车间饲养。在母猪背上标明预产期，按预产期顺序排放，统计好每批将要转移到分娩车间母猪的头数，报告至分娩车间工作人员，做好产床的消毒工作。转移当天对转入母猪进行冲洗消毒，母猪卡随猪一起转移到分娩车间。

13. 淘汰标准

为保证母猪的更新换代，最大程度发挥母猪的生产潜能，提高猪场的生产效益，在生产过程中失去种用价值的母猪必须淘汰。

（1）疾病原因　①有先天性生殖器官疾病的后备母猪和严重子宫炎的母猪。②因肢蹄病久治未愈而影响配种或分娩的母猪。③发生严重传染病的母猪。④发生普通病连续治疗 2 个疗程仍未康复的母猪。⑤先天性骨盆狭窄，经常难产的母猪。⑥连续 2 次或累计 3 次妊娠期习惯性流产的母猪。

（2）配种原因 ①超过 8 月龄从未发情的后备母猪。②断奶后 49 天不发情的母猪。③配种后连续 2 次返情，屡配不孕的母猪。

（3）种用原因 ①连续 2 胎或累计 3 次产活仔数窝均 8 头以下的母猪。②有效乳头少于 6 对，哺乳能力差，母性不良的母猪。③连续 2 次或累计 3 次哺乳仔猪成活率低于 60% 的母猪。④体况评分极差的母猪，过肥（超过 4 分）或过瘦（低于 2 分）。⑤好斗，有伤人倾向的母猪。⑥因其他原因而失去种用价值的母猪。

四、分娩车间

1. 生产指标

平均每窝产活仔 12 头以上，断奶日龄 21～28 天，仔猪断奶前死淘率低于 5%，仔猪平均断奶体重不低于 6.5 千克，断奶母猪 7 天内发情率要达到 90% 以上，断奶母猪膘情在 2.5 分以上，背膘厚达 17 毫米。

2. 工作流程

分娩车间每日工作流程见表 5-13。

表 5-13　分娩车间每日工作流程

序号	时段	事项	推荐时间
1	上午	沐浴、穿戴工作服进入生产区（打卡）	8:00～8:15
2		检查设备设施、饲喂、清粪、记录温度	8:15～8:30
3		健康检查及问题母猪、仔猪的治疗	8:30～9:30
4		仔猪打耳号、补铁、磨牙、断奶转群等	9:30～10:30
5		配后 107 天、断奶母猪转群	10:30～11:30
6		水电检查	11:30～12:00
7	中午	午餐、午休	12:00～13:30

续表 5-13

序号	时段	事项	推荐时间
8	下午	加料、清粪、打扫卫生	13:30～14:30
9		健康检查及问题母猪、仔猪的治疗	14:30～16:30
12		整体检查后打卡下班	16:30～17:30

3. 环境控制

分娩车间的环境控制应达到《GB/T 17824.3—2008 规模猪场环境参数及环境管理标准》中温度和湿度参数及空气卫生的要求。

分娩车间产床要安装保温箱或保温盖，保温箱中安装红外线保温灯。保温灯的功率分别为：夏季产后 3～7 天用 250 瓦，7 天后用 100～150 瓦；冬季产后 10 天用 250 瓦，10 天后用 100～150 瓦。每天检查保温箱温度，仔猪扎堆，温度过低；仔猪不睡在保温箱内，温度过高。调整保温灯的功率使温度至适宜温度。保温灯要安装灯罩，防烫防炸。

安装自动控制系统调节车间内温度，高于目标温度时，逐个开启风机，当全部风机开启仍高于目标温度时，启动水帘降温。必要时启用滴水降温设施，但对分娩后 1 周内的母猪慎用。冬天要关闭水帘进风口，启用冬季进风口。

4. 卫生管理

饲养员及时清扫产床上的猪粪，并使地下排水沟保持一定水位，每周排放存水 1～2 次。尽量减少圈舍冲洗次数，保持车间内清洁、干燥。

转群空栏后彻底清扫车间内杂物、灰尘及蜘蛛网等污物，包括水帘、通道、栏位、墙壁、窗户、抽风机、吊顶等处，不留死角。

5. 饲喂管理

母猪转入分娩栏后，核对母猪耳号及母猪卡，填写母猪喂料量、预产期及健康状况。将母猪卡置于母猪栏前。检查母猪健康状况，评分母猪膘情，以便酌情加减料。为减少母猪应激，可在新上床母猪饲料里添加复合维生素，连用 3 天。母猪按照在妊娠车间最后一天的喂料量饲喂，预产期前 3 天开始至产后 8 天的饲喂量见表 5–14。

表 5–14 分娩车间母猪饲喂量 （单位：千克）

产前天数（天）			生产当天	产后天数（天）							
3	2	1		1	2	3	4	5	6	7	8
3.0	2.5	2.0	0.5	0.5	1.0	1.5	2.0	2.5	3.0	3.5	4.0

预产期前 3 天每天减少饲喂量 0.5 千克，减至 2 千克 / 天。若母猪在预产期当天未产，按每次 1 千克饲喂，直到分娩。分娩当次不喂料，分娩后第一餐给料 0.5 千克，以后每天增加 1 千克，直到标准量。

每日喂料前必须明确标准量及加料次数。若母猪采食量未达到标准，则下一顿按实际采食量饲喂。此后每顿增加 0.5 千克饲料，直到标准量。

产前瘦弱的母猪，不但不能减料，还应当加喂富含蛋白质的催乳饲料。对不吃料的母猪赶起来吃料，也可饲喂湿料，对食欲不振的母猪对症治疗。

保证料槽清洁、饲料新鲜无发霉变质。有条件的猪场，可以饲喂稀料，能增加母猪采食量并促进泌乳。

6. 健康检查

体温、采食量及呼吸：发现母猪精神萎靡、采食量下降、呼吸急促时，测量体温，分析原因对症治疗。粪便：产房母猪易发生便秘，是引发子宫炎、乳腺炎、无乳症的重要因素。便秘母猪适当饲喂粗纤维（如麸皮汤）、青绿饲料（如大白菜）等，保证充足的饮水，日粮中加入膳食纤维，可防治母猪便秘。母猪发生腹泻时，及时查明病因尽快治疗，避免感染仔猪。

7. 母猪的分娩管理及助产

（1）**分娩前的准备**　母猪预产期前 3 天做好产前准备。

①临产母猪的准备　产前用 0.1% 高锰酸钾溶液清洗母猪乳房和阴部，降低初生仔猪的感染率。母猪流出羊水后，挤出乳头里的酸败乳。

②人员准备　接产员把手上的指甲剪短、锉光，用肥皂水或消毒水洗净，做好母猪难产的准备，随时准备助产。

③接产用具准备　包括胶布、碘酊、消毒液、接生粉、剪刀、结扎线、水桶、刷子、毛巾等。准备好保温箱，安装并开启保温灯，预热保温箱，等待母猪分娩。

分娩预兆：母猪分娩前 24 小时用手指挤乳房会有乳汁流出；分娩前 15～20 小时，乳房肿胀、奶头发红，不用挤就有乳汁流出，外阴肿大；分娩前 6～8 小时母猪食欲减退或停食，急躁不安，有的会用前肢刮产床、啃咬栏圈、频繁排尿、时起时卧；母猪躺下，四肢伸直，呼吸急促，在 10～90 分钟开始产仔；阴户流出羊水，俗称"破水"，一般在 1～20 分钟后产仔。

（2）**接产**　母猪分娩多在夜间或清晨，应保持环境安静，利于顺利分娩。

①擦干黏液　仔猪产出后，首先掏净口、鼻中的黏液，然后用布块擦净，全身撒布接生粉，起到保温和消毒的作用。另外，及时把仔猪放进保温箱，防止受冷感冒。

②断脐　先让仔猪躺卧，将脐带内的血液往仔猪腹部挤压，然后用消毒剪刀距仔猪腹部 3～4 厘米处将脐带剪断，再用碘酒棉球压住断头止血消毒，防止脐孔闭合不全，形成脐疝。如断脐后流血不止，用消毒棉线在脐带端结扎止血。

③吃初乳　初乳是指母猪分娩后 24 小时内所分泌的乳汁，富含母源抗体，是仔猪获得保护抗体的来源。断脐处理完的仔猪应人工辅助尽快吃上初乳。用 1% 高锰酸钾溶液洗净母猪乳房乳

头，把仔猪放在母猪胸前哺乳，这样仔猪既温暖又可及早吃到母乳，还可以加强母猪子宫的阵缩，利于缩短分娩过程。

④称重 初生重是自留种猪、生产评价和饲养管理制定的重要数据之一。

⑤人工辅助哺乳 分娩后人工辅助仔猪哺乳 2～3 个白天，定时哺乳，固定乳头，体重小的仔猪固定在前面两对乳头，体重大的固定在最后两对乳头，其他仔猪固定在中间乳头。

⑥剪犬齿 仔猪初生时就有 8 颗犬齿，上下颌左右侧各 2 颗。由于犬齿非常尖锐，当因争夺乳头而发生争斗时，极易咬伤母猪的乳头或同伴，故应将其剪掉。剪犬齿时，剪掉犬齿的上 1/3。注意，不要剪至牙齿的髓质部或剪伤牙床，以防感染。

⑦断尾 在仔猪出生后 24 小时内断尾，将尾部 1/3～1/2 钝性剪断或烙断，用碘酒擦拭伤口，以防感染。

⑧假死仔猪的急救 有的仔猪出生后停止呼吸，但心脏仍在跳动，即为假死。造成假死的原因，有的是母猪分娩时间过长，子宫收缩无力，仔猪在产道内脐带过早扯断而迟迟不能产出；有的是黏液堵塞气管，造成仔猪呼吸障碍；有的是仔猪胎位不正，在产道内停留时间过长。遇到这样的仔猪应立即进行抢救。假死仔猪的急救方法有：拍打法，倒提仔猪后腿，用手连续拍打其胸部，直至仔猪发出叫声为止。人工呼吸法，接生员迅速将仔猪口腔黏液掏出，擦干净其口鼻部黏液，手握仔猪口鼻，对准其鼻孔适度用力吹气，反复 20 次左右；然后将仔猪四肢朝上，一手托肩，一手托臀，一曲一张反复进行，直到仔猪叫出声为止。

⑨胎衣的排出 母猪分娩结束后，10～30 分钟内胎衣全部排出，接生员应清点母猪排出的胎衣数量（与仔猪数量相同）。若没有完全排出，给母猪注射 2ml 催产素，促进胎衣完全排出。

（3）助产 母猪顺产时，分娩第一头仔猪约需要 30 分钟，之后产仔间隔时间（母猪分娩出上一头仔猪与下一头仔猪之间的间隔时间）约为 20 分钟，产程 2～3 个小时。一般母猪都能正常分娩，年老、瘦弱、过肥、胎儿过大等因素可能导致难产。如果母猪产仔间隔时间超过 45 分钟或出现长时间剧烈阵痛、呼吸困难、心跳加快，即为难产，应马上进行助产。助产分为药物助产和人工助产。母猪难产时，首先执行药物助产，其次使用人工助产。

①药物助产　方法是注射催产素，注射量是每 100 千克体重注射 1 毫升，一般 1 头母猪注射缩宫素 2 毫升即可。间隔 45 分钟还未产出仔猪，可以再次注射缩宫素 2 毫升。剂量不可随意加大，大剂量使用缩宫素可使子宫发生强烈收缩，反而不利于母猪分娩。难产母猪经注射催产素无效时，可以注射新斯的明或毛果芸香碱或比赛可灵注射液 5～8 毫升 / 头。用药后观察母猪生产过程，出现异常或仍然无效时立即启动人工助产。

②人工助产　助产员将手指甲剪短、磨光，手和手臂（到肩部）洗净。清理干净母猪后部的物品。准备干净的 30～40℃温水一盆，配制 0.1% 高锰酸钾溶液，以水色呈粉红色为宜。浓度不要过高，因为高锰酸钾具有很强的氧化性，容易烧坏手臂和母猪产道。将手、手臂用高锰酸钾溶液消毒后，再将母猪阴户清洗干净，戴上长臂乳胶手套，将手套涂抹上液状石蜡或肥皂水，准备助产。

助产者五指并拢，手心朝向母猪背部，在母猪阵缩间歇期徐徐将手臂伸入产道。遇到母猪努责时停止伸入，当碰到仔猪头部时，将拇指和食指插入其犬齿后面，将仔猪慢慢拉出。当碰到仔猪后腿时，将中指放入仔猪后腿中间，将其拉出。当 2 头仔猪挤在一起时，将 1 头推回，1 头拉出。当碰到仔猪成弓形、横在产道时，将仔猪推回，顺正后再拉出。

注意事项：一是母猪骚动不安时，一定停止伸入手臂，否则母猪感到疼痛，会突然坐起压伤助产者手臂。二是当遇到仔猪有胎衣包裹时，要去掉胎衣后再拉。千万不要拉胎衣、脐带、阴道内壁和阴道内壁上的脂肪。三是母猪努责时，开始向外拉仔猪，动作要轻，母猪颤动收缩时停止外拉。四是产仔结束后，对助产过的母猪应立即用药物清洗子宫，并自颈部肌肉注射青霉素 4 支（160 单位）、链霉素 2 支、安乃近 1 支，连用 3 天，防止产道感染。

母猪难产率只有 1%，初产母猪较易发生难产。人工助产对母猪的健康和繁殖性能有较大影响，迫不得已不进行人工助产。

（4）诱发分娩　诱发分娩是在母猪怀孕末期的一定时间内，注射某种激素制剂，诱发妊娠母猪在比较确定的时间内提前分娩，产出正常的仔猪。它的意义在于可将分娩控制在工作日或上班时间内，避开假日和夜间，便于安排人员进行护理，为下一次同时断奶和同期发情奠定好基础，便于规模化猪场进行周期性的生产管理。

母猪诱发分娩的方法：按母猪妊娠期平均 114 天准确计算预产期，再根据母猪乳房变化、阴门肿胀、腹部下垂、吃食减少等临产征兆，在预产前 1 天（113 天）上午 8～10 时，给母猪颈部肌注氯前列烯醇注射液 2～3 毫升（含 0.2～0.3 毫克），可使 98.2% 的母猪在次日（114 天）白天分娩。

从药物注射到产仔的间隔时间为 25.1 ± 6.2 小时，一般在注射后 20～30 小时开始产仔，最早为 15 小时，最迟为 36 小时。如果 30 小时之后还没有产仔，再继续给母猪注射同等剂量氯前列烯醇。

（5）分娩后管理　母猪分娩后应及时清洁母猪臀部及产床、地面，拿走胎衣，收拾、清理助产工具。母猪产后必须按时注射抗生素，如阿莫西林注射液或青链霉素注射液，每天 1 次，连续 2～3 天，预防子宫和乳房炎症。注射部位为耳根后 4 个手指与颈椎下 5 个手指处，针头与皮肤垂直，注射时人站在猪的后侧方，以减少母猪应激。如果连续用药 3 天后仍见阴道排脓，可继续注射抗生素或者考虑换药。

勤观察，发现异常及时对症治疗，做好病程及治疗记录。若发病母猪占 5% 以上，应上报，采取整群防治方案，发现传染病应尽早淘汰。

及时将分娩日期，产活仔数及公母，死胎、木乃伊胎、黑胎数量，弱仔猪、畸形仔猪数量，记在母猪卡上。重量低于 0.8 千克的仔猪淘汰处理。

（6）仔猪护理

①保证初乳摄入充足　可采取分批哺乳的方法来提高初乳摄入量。分批哺乳在产仔性能高的品系母猪中应用最多，它能有效地控制腹泻，减少仔猪断奶前死亡量，增加断奶重，减少仔猪之间的断奶体重差异。具体操作如下：在分娩后 8～12 小时内，第 1～2 小时，将强壮仔猪放入保温箱内，让较弱仔猪吮乳；第 3～4 小时，将较弱仔猪放入保温箱内，让强壮仔猪吮乳，以此反复进行，尽可能保证每头仔猪都吃到足够的初乳。

②寄养　是指将母猪分娩后患病或死亡造成的缺乳或无乳的仔猪，以及超过母猪正常哺育能力的多余仔猪，转寄给其他母猪哺育。寄养在仔猪出生后 24～48 小时内进行。

寄养方法及注意事项：在仔猪吃足初乳后，将仔猪数多的部分仔猪寄养到仔猪数窝少的母猪窝内。母猪分娩日期基本相同，仔猪日龄相差不大，并在同一单元内，以减少疾病传播概率。后产的仔猪向先产的窝里寄养时，挑选体重大的寄养，先产的仔猪向后产的窝里寄养时，挑选体重小的寄养。同期分娩的仔猪寄养时，挑选体形大和体质强的寄养。避免仔猪体重相差较大，从而影响体重小的仔猪生长发育。寄养后在全群仔猪身上喷洒气味相同的物质，以掩盖仔猪的异味，减少母猪对寄养仔猪的排斥。计划留作种用的仔猪，寄养前需要做好耳缺或耳刺等标记，以免发生系谱混乱。当猪场有疾病威胁时，禁止寄养，防止疾病扩散。

③补铁　仔猪 3～5 日龄时，颈部注射 1～2 毫升葡萄糖铁针剂，预防仔猪缺铁性贫血。

④护膝　产床床面粗糙时，应在仔猪膝关节下部贴胶布，防

止膝盖受伤而引发关节炎、跛脚。胶布应能覆盖膝关节及趾关节之间的部位，胶布绕腿 3/4 为宜。

⑤去势　非种用公猪 7～10 日龄去势。去势器械用酒精消毒，术部用碘酊消毒。

⑥打耳号　按照本场耳号标识规定给仔猪打耳号，消毒耳号钳，创口处涂抹碘酊消毒。

⑦药物保健　在仔猪有某些疾病感染压力时，选择敏感药物在仔猪出生后 3 天、7 天、断奶前 1 天注射，预防相关疾病的发生。

⑧补饲　仔猪 7～10 日龄开始用代乳教槽料；仔猪补料槽应保持干净，补料要少量多餐，6 次 / 天；发现仔猪吃不到母乳或母猪无乳时应及时寄养。

（7）哺乳母猪和仔猪的健康检查

①哺乳母猪健康检查　观察产后 3 天内有无乳房坚硬、便秘、气喘、不正常的恶露、以腹部躺卧、狂躁、发热、母性不好咬仔猪、腹泻、机械损伤等表现，发现问题及时处理。

预防措施：分娩后 6～8 小时应驱赶母猪站起饮水，避免因饮水不足导致便秘、引发乳腺炎和阴道炎。产后 3～4 天要检查母猪的乳房，若有发炎和硬块应按乳腺炎及时治疗，必要时输液。

②仔猪健康检查　仔猪正常体温为 39℃，呼吸频率约为 40次 / 分钟，正常卧姿是侧卧；观察仔猪毛色、体况、吃奶情况、走路姿势、是否腹泻等。

发现仔猪异常，及时对症治疗，并做好病程及治疗记录。若疾病由母猪引起，应治疗母猪。若发病仔猪窝数占 5% 以上，应上报主管，制订整体治疗方案。

8. 断奶管理

当哺乳仔猪日龄达 21～28 天时，身体健壮无病状，平均体重不低于 6.5 千克，应给个体重不低于 5 千克的仔猪断奶。

（1）断奶方法　常用的仔猪断奶方法有一次性断奶法、分批断奶法和逐渐断奶法三种。

①一次性断奶法　断奶前3天减少母猪的饲喂量，断奶当日，仔猪全部转至保育车间，母猪全部转至配怀车间。优点：简单易行，省工省时。缺点：易引起仔猪断奶应激。一次性断奶法是规模化猪场最常用的方法。

②分批断奶法　是将每窝中生长快、体重大的仔猪先断奶，体质弱、体重小的后断奶。也可将每窝中瘦弱的仔猪挑选出来，集中由泌乳性能好的母猪哺乳1周再断奶。优点：降低弱仔猪断奶后的死亡率，提高整齐度。缺点：延长了哺乳期，影响断奶母猪集中发情配种。分批断奶法适用于小规模猪场。

③逐渐断奶法　断奶前4～6天减少仔猪的哺乳次数，并适当减少母猪的饲喂量，让仔猪由哺乳到断奶有一个适应过程。优点：减少仔猪和母猪的断奶应激。缺点：操作复杂，费工费力。逐渐断奶法适用于饲养员工作量小的猪场。

（2）断奶管理　仔猪断奶是仔猪生长过程中面临的重大应激。以一次性断奶法为例，具体的操作步骤如下：①仔猪称重。断奶窝重是衡量猪场母猪管理的重要指标，仔猪断奶时应先称取窝重。育种场或计划种用的仔猪还应称取个体重，同时佩戴耳牌。②仔猪转群，先将仔猪赶出产栏，使用保温手推车或保温运输车转运仔猪。

母猪断奶管理需注意：①饲喂。断奶前1天，依据母猪体况适当减少饲喂量。②记录。登记母猪卡，包括断奶记录、哺乳能力、膘情评分。③转群。将断奶母猪转至配怀车间，发生肢蹄疾病的，直接淘汰。转移断奶母猪比转移断奶仔猪提前1小时进行。

（3）断奶母猪的发情管理　断奶母猪发情率低是生产中经常遇到的问题，主要原因及采取的措施如下。

①母猪断奶时失重过多　在正常情况下，母猪经历一个泌乳期体重都有不同程度下降，一般失重25%左右，这并不影响母猪断奶后正常的发情配种。如果哺乳期日粮营养缺乏，泌乳量大，带仔过多，母猪断奶时失重超过60千克，则断奶后发情明

显推迟。措施：一是采用少量多次的饲喂方法，每天饲喂 4～6 次。二是寄养，使每头母猪带仔不超过 12 头。三是由饲喂干饲料改为饲喂湿拌料。每头哺乳母猪每天的采食包括维持需要（2 千克）＋泌乳需要（带仔数×0.5 千克）。

②季节影响　母猪是多周期发情家畜，可以常年发情配种。但在夏天炎热的季节，母猪断奶 7 天内的发情率较其他季节低 20%，尤其是初产母猪更为明显。措施：除上述措施外，还应使环境温度不超过 22℃、在早晚气温低的时间段饲喂。

③母猪过肥　母猪在哺乳期泌乳量低，带仔数少，采食量没有控制而导致过肥，造成母猪卵泡发育停止而不能正常发情配种。措施：在哺乳期依据膘情限制饲喂。

④分泌异常　母猪断奶后持久存在部分黄体以及非黄体化的卵泡囊肿，致使卵巢受损，从而使母猪断奶后长期不发情。措施：断奶 7 天仍不发情的母猪，应注射 PG600 1 头份。

⑤生殖系统疾病　如子宫炎、阴道炎及传染性疾病。措施：分析病因，对症治疗。

如果猪场断奶母猪发情率总是低于 75%，建议采取以下措施：首先，避免母猪发生低血糖症。过瘦的母猪（P2 点背膘厚减少 3～5 毫米）可能发生低血糖症，应在断奶后的饲料中补充葡萄糖 5 千克/吨。其次，补充外源激素。断奶当天注射 PG600 1 头份，观察 14 天，若仍不发情，应尽快淘汰。

五、保育车间

1. 生产指标

保育期为仔猪断奶至 10 周龄，成活率在 98% 以上，10 周龄转出体重在 30 千克以上，料重比低于 1.35∶1。

2. 工作流程

保育车间工作流程见表 5–15。

表 5-15 保育车间每日工作流程

序号	时段	事项	推荐时间
1	上午	沐浴、穿戴工作服进入生产区（打卡）	8:00～8:15
2		检查环境（查看温度控制仪，观看昼夜温度变化）	8:15～8:30
3		猪只健康检查、做记录	8:30～8:50
4		饲喂	8:50～9:30
5		清理卫生	9:30～10:30
6		治疗发病猪只、其他工作（接种疫苗）	10:30～11:00
7		饲喂	11:00～12:00
8	中午	午餐、休息	12:00～13:30
9	下午	饲喂	13:30～14:30
10		清理卫生	14:30～15:30
11		消毒	15:30～16:00
12		饲喂	16:00～16:30
13		治疗发病猪只、其他工作	16:30～17:00
14		报表填写、死猪处理、打卡下班	17:00～17:30

3. 环境控制

保育车间的环境控制应达到《GB/T 17824.3—2008 规模猪场环境参数及环境管理标准》中温度和湿度参数及空气卫生的要求。

（1）室内温度 每天上班时和下班前，检查断奶仔猪睡眠区域温度，第一周用暖箱或保暖篷使温度保持在 32℃，之后每周降低 2℃；注意观察猪只状况，及时调整温度。保育车间温度如表 5-16。

表 5-16 保育车间温度要求

周龄	4	5	6	7	8
温度（℃）	32	30	28	26	24

（2）室内湿度 湿度直接影响猪的体感温度。高温高湿环境下，猪因体热散失困难，体感温度更高，导致食欲下降，甚至中

暑死亡；低温高湿环境时，猪体的散热量增大，体感温度更低，增重、生长、发育减慢。

车间空气湿度过高利于病原性真菌、细菌和寄生虫的繁殖，同时猪的抵抗力降低，易患疥螨、湿疹等皮肤病，呼吸道疾病的发病率也较高；而空气湿度过低，猪舍内容易飘浮灰尘，对猪的健康不利。

（3）有害气体 氨、硫化氢等有害气体刺激猪的呼吸道和眼睛，导致呼吸系统发病率升高，眼睛下部出现泪斑，应该加强通风换气，保持车间内空气清新。不同的季节采取不同的进风方式。冬季采用吊顶上的吸顶式风口进风，夏季从水帘作为进风口，同时可达到降温的目的。

4. 驱虫管理

产房仔猪转入保育车间1周后，驱除体内外寄生虫各1次。驱除体内寄生虫使用芬苯达唑预混剂拌料饲喂（用量按说明书），驱除体表寄生虫使用双甲脒溶液喷洒全身（用量按说明书）。

5. 进猪操作

（1）转猪前准备 清洁保育车间及各种饲养工具，待保育车间干燥后喷洒消毒液，并在仔猪入舍前空置7天。

检修生产设备，如饮水线（水流量控制在0.5～1升/分）、料线、保温设备通风降温设施和其他生产用具等。

按照生产计划，提前通知接收方人员，核实进猪数量，转猪时应避开恶劣天气。进猪前须提前对空舍升温，备好保健药物，降低应激反应。

（2）进猪管理

①合理分群 按照体重大小、性别对猪群分栏，做到每栏个体差异不大；猪只转群后核对数量；按照全进全出模式进行饲养管理，同一保育车间的猪只日龄相差不超过7天。

②饲养密度 饲养密度过大会造成有害气体浓度增加，环境温度、湿度增加；猪只长势缓慢，饲料转化率低，发生咬尾、咬

耳等恶习, 发病率及死亡率升高。

保育阶段适宜的饲养密度推荐见表 5-17。

表 5-17 保育阶段适宜的饲养密度

体重(千克)	面积(米²/头)
< 10	0.15
10～20	0.2
20～30	0.3

③三点定位调教 三点定位即定点饮水, 定点采食, 定点排便。

饮水调教, 用木屑或棉花将饮水器撑开, 使其有小量流水, 诱导猪只饮水。

采食调教, 保证食槽有新鲜饲料, 供猪只自由采食。

排便调教, 猪只进栏后, 栏体一定要保持干净卫生, 若有猪只在采食或躺卧区排便, 要立即清扫干净, 强制驱赶猪只到指定地点排便, 直到成功为止。

6. 饲喂管理

仔猪断奶后由吸食母乳变成采食饲料。此时仔猪的消化系统发育还不完善, 消化酶活性低, 又失去了母源抗体的保护, 抗病能力降低, 因此制定正确的饲喂方案、提供营养浓度和消化率高的饲料, 才能保证保育仔猪正常生长发育。

(1)饲喂 保育期饲喂分三个阶段。第一阶段, 断奶至体重 10 千克, 仍然采用乳猪教槽料喂养。这个阶段仔猪不能完全自由采食, 应少量多餐, 每天饲喂 5～6 次, 防止采食过多引起消化不良。第二阶段, 体重 10～15 千克, 由饲喂教槽料逐渐过渡为保育前期料, 由分次饲喂转变为自由采食。第三阶段, 体重 15～30 千克, 由保育前期料逐渐过渡为保育后期料, 自由采食。饲料用量见表 5-18。有条件的猪场可以饲喂液态发酵饲料或液态饲料。

表 5-18　保育期用料方案

体重（千克）	饲料用量（千克 / 头）	饲料品种
断奶至 10	5	教槽料
10～15	10	保育前期料
15～30	20	保育后期料

饲料过渡：为了减少换料应激，需逐步过渡。饲料过渡配比见表 5-19。

表 5-19　饲料过渡配比

时间	第一天	第二天	第三天	第四天
旧饲料	75%	50%	25%	0
新饲料	25%	50%	75%	100%

（2）**饮水**　饮水器数量按照每 10 头仔猪配备 1 个饮水器或 20 头仔猪 1 个饮水碗为宜。饮水器高度，鸭嘴式饮水器高度与猪只肩部高度相当，碗式饮水器碗口距地面 15 厘米。饮水器应设在排泄区，饮水器间隔不低于 25 厘米。

7. 健康管理

（1）**保健**　对新引进猪，饲料中添加抗应激药物如维生素 C、电解多维等药物，连用 3～7 天。发病率超过 5% 时，饲料中添加广谱抗生素，全群保健。

（2）**疫苗免疫**　保育猪的免疫程序见表 5-20。

表 5-20　保育育成猪免疫程序

时间	疫苗种类
4 周龄	猪瘟疫苗
5 周龄	支原体疫苗
7 周龄	AD1 伪狂犬疫苗
8 周龄	猪瘟疫苗
	口蹄疫疫苗

续表 5-20

时间	疫苗种类
11 周龄	口蹄疫疫苗
14 周龄	AD2 伪狂犬疫苗

六、育肥车间

1. 生产指标

育肥成活率 97%，上市率 95%（即僵猪和死淘比例 < 5%），种猪选种率达到 30%，155 日龄平均体重达 110 千克，育肥阶段平均料重比达 2.5：1。

2. 工作流程

育肥车间每日工作流程见表 5-21。

表 5-21　育肥车间每日工作流程

序号	时段	事项	具体时间
1	上午	沐浴、穿戴工作服入生产区（打卡）	8:00～8:15
2		检查环境（查看温度控制仪，观看昼夜温度变化）	8:15～8:30
3		猪只健康检查、做记录	8:30～8:50
4		饲喂	8:50～9:30
5		清理卫生	9:30～10:30
6		治疗发病猪、其他工作（接种疫苗）	10:30～11:00
7		饲喂	11:00～12:00
8	中午	午餐、午休	12:00～13:30
9	下午	饲喂	13:30～14:30
10		清理卫生	14:30～15:30
11		消毒	15:30～16:00
12		饲喂	16:00～16:30
13		治疗发病猪、其他工作	16:30～17:00
14		报表填写、死猪处理、打卡下班	17:00～17:30

3. 环境控制

育肥车间的环境控制应达到 GB/T 17824.3—2008 中温度和湿度参数及空气卫生的要求。

育肥猪最适范围是 18～24℃。确保采暖、降温、通风设备运转良好，调控环境指标达标。有条件的猪场应采用自动化控制设备，通过探测温度、有害气体浓度调控猪舍环境，满足育肥猪的生长需要。

4. 进猪操作

转入的保育猪日龄相差不超过 7 天，体重大于 20 千克，健康活泼。按照性别、体重合理分栏。转入的病弱猪单独在隔离栏饲养。连续 3 天在饮水中添加电解多维降低应激。

分栏后，猪群会发生争斗，若打斗激烈，应用链子等物品分散其注意力。

转入育肥车间的前 7 天，做好"三点定位"的调教，方法同保育猪。

合理的饲养密度有利于猪群的生长。密度太大，猪舍有害气体浓度增加，猪只长势缓慢，饲料转化率低、发病率及死亡率升高；密度太低，造成猪舍浪费。育成阶段适宜的占有面积见表 5-22。

表 5-22　育成阶段适宜的占有面积

体重（千克）	面积（米²/头）
30～50	0.4
50～85	0.65
85～110	0.75～1

5. 饲喂管理

饲喂设备须清洁卫生。育肥阶段自由采食，根据体重更换饲料，具体见表 5-23。

表 5-23 育成猪饲料更换表

体重阶段（千克）	饲喂量（千克/头）	饲料品种
30～75 千克	115	中猪料
75～100 千克	80	大猪料

更换饲料要逐渐过渡，方法同保育猪。

饲养过程中，将掉队的瘦弱猪只及时挑选至隔离栏饲养。为促进生长，加强营养，可饲喂前一阶段的饲料，提高猪群整齐度。

有条件的猪场，可以安装液态饲喂系统，饲喂液态发酵饲料或液态饲料。

6. 销售管理

育肥猪出栏前禁食 8～12 小时，出售前称重，用专车运至销售点，禁止工作人员进入购猪车辆周边区域，严禁将已送到销售点的猪运回猪场。

七、种猪隔离车间

养猪生产中，每年有 35%～50% 的基础母猪由于正常或非正常的原因被淘汰，为了保证猪场均衡的生产，使能繁母猪保持较高的生产水平，需要及时补充后备母猪。如果后备猪从外场引进，必须进行隔离驯化。隔离驯化的目的主要是维持本场原有猪群的健康状态，让引进的种猪尽快适应本场，避免带入新的传染病，导致疾病发生，造成重大经济损失。

1. 种猪的选择标准

种猪的优劣关系到生猪生产水平，保持并不断提高种猪的生产性能是育种工作的主要任务。而影响种猪生产性能的首要因素是遗传基础，使遗传基础发生定向变异的主要手段是选择。要使种猪的生产性能向着需要的方向发展，必须对种猪的生产性能加以选择。种猪须具备以下优点：精神状态好，体格健壮，膘情适中；四肢健壮，蹄部良好，行走自如；窝产仔数多，成活率高。生殖器官发育正常，公猪性欲旺盛，配种能力强；母猪发情周期正常，发情征状明显，繁殖性能高。

（1）种公猪的选择标准　具体如下：

一是体型外貌符合本品种雄性特征，四肢强健有力，步伐开阔，行走自如，无内外"八"字形，无卧系、无蹄裂现象。

二是生殖器官发育良好。两个睾丸发育良好，明显凸出，中等下垂，左右对称，大小匀称，轮廓明显，没有单睾、隐睾或疝气，包皮适中、无积尿。有效乳头6对以上，排列均匀整齐，发育良好，无瞎乳头或内翻乳头。最好选择经过调教、精液质量合格的公猪。同时系谱要清楚，父母代、同胞代没有遗传疾病。

三是生产性能优良。生长速度快，饲料利用率高，背膘薄。如果公猪体重较大，一定要选择活泼好动、口有白沫、性欲表现良好的公猪。最好选择经过生产性能测定的公猪。生产性能测定主要包括繁殖性能测定、生长性能测定、胴体品质测定和抗应激性能测定。

（2）种母猪的选择标准　母猪选择应侧重于母性特征，要注重与繁殖性能有关的体型外貌，应符合以下标准。

一是体型外貌符合本品种雌性特征，背线平直，体格健壮。身体匀称，眼睛亮而有神，腹宽而不下垂。肢蹄结实，无明显跛行和蹄裂。

二是生殖器官发育良好。外阴较大且松弛下垂，阴户不能过小或上翘，无异形。有效乳头6对以上，分布均匀对称，发育正常，无瞎乳头、翻转乳头和其他畸形乳头。

三是繁殖性能优良。产仔数多、泌乳力强、带仔能力强、母性好、性情温驯。所生仔猪成活率高、生长快、发育好、均匀整齐、无遗传缺陷。

如果有生产性能测定结果，选测定结果优异的个体引进。

2. 引种前的准备工作

隔离车间作为一个特殊的生产车间，大多数时间空闲不用，因此，引种前要做好充足的准备工作。

（1）**隔离车间应清洗消毒**　高压冲洗和消毒空置3周以上，使用前再次高压冲洗、喷雾、熏蒸消毒后方可使用。

（2）**管理人员准备**　隔离车间应有专人负责，要求有较强的责任心，生产经验丰富，并有一定的兽医知识。

（3）**饲养器具准备**　隔离车间要使用专用的工具，如粪车、料车、注射器、针头等。

（4）**药品、疫苗准备**　准备的品种和数量参考疫苗免疫和药物添加程序。

（5）**饲料准备**　依据引种头数和隔离天数，准备优质全价后备猪饲料。

（6）**其他准备**　保证有充足清洁的饮用水，稳定的电力供应。

3. 种猪的运输

开具当地卫生防疫部门运输许可证。运输车辆和用具应提前进行清洗、消毒，运输过程中注意装车密度、路线选择、饲料饮水等，设法减少种猪的应激和损伤，特别注意保护好猪的肢蹄，夏季引种运输要重视防暑，冬季要注意防寒。

4. 过渡的期饲养管理

种猪到达后及时卸车，立即对运猪车辆、猪体、装猪台和地面进行彻底消毒。按照种猪的品种、大小及公母进行分群饲养，种猪分栏入位后，遵循先水后料、少量多次的原则饲喂，防止暴饮暴食。水中可加入少量抗生素和电解多维，休息5～10小时后再供给少量饲料。第三天开始逐渐增加饲喂量，5～7天后便可达到正常饲喂量。遇有外伤、脱肛等情况的猪应立即单栏饲养，并及时治疗。

5. 引种后的疾病防治和免疫

开始时间，种猪抵达即开始。结束时间，种猪到达后 8～10 周。

第 1 周的主要工作是促进猪只从长途运输的应激中恢复，治疗个别生病的猪只。

饲料加药：添加预防剂量的抗生素，如 20% 微囊包被替米考星 1 千克 / 吨。有条件的喂一些青绿饲料，但要注意消毒。

饮水加药：饮水添加维生素 C 等抗应激药物，1 千克 / 吨；如果种猪到达后出现呼吸道或消化道疾病症状，在饮水中添加 10% 阿莫西林可溶性粉 0.5 千克 / 吨或 3.25% 硫酸新霉素 1 千克 / 吨。

治疗：对于有临床症状的猪只应认真观察，记录并采取必要的治疗措施。体温升高的，选用安乃近、复方氨基比林等解热镇痛药肌注，并配合抗生素或磺胺类药以防止继发感染；对肢体有问题的猪只应单独饲养，加强运动，并用镇痛类药进行对症治疗。对于有腹泻的猪一般不需要进行治疗会自行痊愈，必要时采用诺氟沙星 8 毫克 / 千克体重肌肉注射，同时，配合阿托品、维生素 B。

第 2 周，经过 1 周的调养，猪群一般会趋于稳定，本周的重点工作是依据引种场及本场的疫苗免疫程序，制定引进种猪的免疫程序，并实施。

6. 引进后备猪的驯化

经过 2 周的隔离观察，引进的后备种猪没有发现重要传染病的临床症状后，开始渐进式接触场内的病原，在配种前完成驯化。驯化方法包括粪样驯化、呼吸接触、胎盘或病料驯化、血清驯化等方法。生产中最常用的驯化方法是粪样驯化和呼吸接触。

（1）**粪样驯化** 收集生长猪、成年公猪或母猪粪便与引种猪接触（3 次 / 周），从进隔离车间第 3 周开始，至少接触 3 周。方法是将收集的新鲜粪便投进猪栏，然后将饲料撒在粪便上面，让猪采食。粪样需经实验室检测伪狂犬野病毒阴性，方可与后备母猪接触。若本场猪群有猪痢疾、球虫病、C 型魏氏梭菌或猪丹毒，不能进行粪样驯化。

（2）呼吸接触 使用本场计划淘汰的年轻种猪（胎次不超过 2 胎为宜）与引进后备猪以不低于 1：10 的比例进行混养；混养期间每隔 1 周对参与驯化的淘汰母猪更换栏舍，也可对参与驯化的淘汰母猪进行更换，从而增加引进种猪与不同病原的接触机会。持续接触 3 周左右。参与驯化的淘汰母猪需经采集血样实验室检测伪狂犬病野毒阴性，方可参与后备猪驯化。

7. 自留后备猪的驯化

自留后备猪全群做伪狂犬病野毒抗体检测，阳性的不得入群，阴性的也须隔离 2 周，猪群健康稳定后开始驯化。方法同引进后备猪。若后备母猪在限位栏饲养，每半天可赶出 1 头淘汰种猪在通道走动 1～2 小时，进行 3～4 周的鼻对鼻呼吸接触。

8. 驯化结果的评估

血清学检测抗体评估：在配种前对所有的后备母猪进行血清学抗体检测，可以监测一些疾病的驯化情况，驯化效果良好的标准是后备母猪的血清阳性率在 90% 以上。

一胎母猪的繁殖成绩评估：一胎母猪的繁殖成绩是衡量驯化是否成功的最重要指标。如果驯化效果良好，一胎母猪的繁殖成绩应该与经产母猪的差别不大；反之，驯化不够成功，则可能后备母猪配种后的流产、返情、空怀的现象增多，或者出现一胎母猪的仔猪出生后死亡率明显较高的现象。

9. 选择种猪的误区

生产实践中选择种猪存在一些误区，往往造成不小的损失。现总结如下：

一是忽视所选种猪的健康状况。健康状况是选种时首先考虑的问题。有些养殖场户在选种时只考虑价格是否低、体形是否好，而忽略了健康这个关键要素，导致引种同时也把疾病引了回来，可谓"引狼入室"，因小失大。引种前要充分了解供种场家是否处在无疫区，是否有利于防疫。注意供种场的综合防疫制度是否完善，执行是否严格，充分了解其免疫程序和猪群的健康状况，必要时可抽血化验，取得当地兽医监测权威机构的检疫证明。选购没有疾病的种猪，或者健康状况与自场的情况相似的种猪。

二是过分强调体型。许多养殖户在选种时偏爱后臀大的种猪，忽略了其他各项指标而盲目引进。经验告诉我们，后臀大的种猪多多少少都未去除氟烷基因，易产生应激猪肉（PSE），且较难饲养，必须有良好的饲料和饲养条件。如果饲料和饲养条件跟不上，引进这类猪就难以取得满意效果。后臀大的种猪除了具有瘦肉率高的优势外，大多有很多局限性，如泌乳力差、产仔较少、难产率高、增重慢等。在此，忠告引种的养殖户不要以衡量商品猪的眼光去衡量种猪。选择种猪时，公猪要侧重瘦肉率、胴体品质、肢蹄健康度、生长速度、饲料报酬、性欲是否旺盛等；母猪应侧重于母性特征，如产仔数、泌乳力、母性等。

三是偏爱大体重。引进种猪并非体重越大越好，一般在45～80千克较为理想，而且，要做到全年均衡产仔，必须把体重距离拉开，以便分批配种。体重太小，种猪的生长发育未完全，不好确定性成熟时体型到底好不好，也有一些缺陷尚未表露出来，尤其是公猪，体重最少70千克以上；体重太大，不利于后备种猪的调教驯化，长途运输中，稍有拥挤、踩压易造成肢蹄损伤、脱肛，甚至死亡。

四是从多家种猪场引种。一些养殖户认为种源多、血源广有利于本场猪群生产性能的改善，殊不知从多家引种易把不同疫病引进本场。因为各个种猪场的病原生存环境差异较大，而且有些疾病多呈隐性感染，不同种猪场的猪混群后暴发疫病的概率大大提高。因此，在引种时尽量从一家种猪场引进种猪。

第六章

液态发酵饲喂技术

液态发酵饲喂技术是依靠自动化设备利用微生物发酵原理在养殖场现场对饲料进行全量发酵，以改变饲料的理化性状，抑制有害微生物生长。发酵后的饲料直接饲喂生猪，可以提高猪群的免疫力和饲料利用率，减少甚至不使用抗菌药，达到生产优质安全畜产品的目的。我国利用微生物发酵的方法保存食物或改善食物风味的历史悠久。自古以来，发酵技术在人类食品和动物饲养上就得到广泛应用。

一、技术简介与优势

（一）技术简介

液态料喂猪是我国古老而传统的饲喂方式，通常做法是农户将自家的泔水混合玉米面、麸皮、草粉、菜叶等以液体的形态来饲喂猪，这就是最初的液态饲喂。这种饲喂方式是适合一家一户小农经济的产物。

随着我国养猪场的饲养规模越来越大，生物安全意识的提高，猪场普遍实行封闭管理，而且劳动强度高、工作环境差，导致招工难、用工难的问题日益突出。实践经验告诉我们，提高机械化作业程度是解决猪场用工困难的有效途径和现实出路，特别是高效的自动输料与喂料系统的省工效果最为显著。

随着养猪业规模化的发展，饲料成为产业链的重要分支，固体饲料自动化饲喂设备应运而生，至今占据着我国饲喂方式的主流地位。干料饲喂虽然可以暂时缓解用工难的窘境，但是所带来的浪费不容忽视，如何提高饲料利用率和降低猪群发病率，提高料肉比，是每一个养猪人都很关心的问题。液态饲喂系统的出现，可以很好地弥补干料自动喂料的缺点。

在实际生产应用中，人们发现干饲料自动饲喂系统存在浪费严重和易引发呼吸道疾病的问题，随后发明并应用了以干湿饲喂器等为代表的液态饲喂系统。近年来，随着微生物技术的进步，研究人员在整合液态饲喂技术和微生物发酵饲料技术二者优势的基础上，产生了液态发酵饲喂技术。经实践检验：该技术更有利于猪群的健康和提高养殖效益。生猪饲喂技术主要经历了下面三个主要阶段，并且目前这三种形式依然并存。

1. 干饲料自动饲喂系统

干饲料是指全价粉状饲料或颗粒饲料。干饲料自动饲喂系统主要由储存装置（储料塔）、饲料输送装置（包括驱动主机、输送料管、输送链条等）、释放设备（下料器和接料装置）和控制设备等组成。一般是由运料车和绞龙将粉料或颗粒料运输到储料塔内储存，塔上部有顶盖，四周为不透水材料，可防湿防潮，一般储料塔可储存 3 天的饲料。饲料输送设备是在封闭的环行管道内运转的，主要有绞龙式和钢索式 2 种。干料自动饲喂系统是猪场采用较早也是现阶段采用最多的自动饲喂系统。该系统具有灵活、技术成熟、操作管理方便和运行费用低等特点。

该模式的缺点明显，如不符合猪的采食习性，饲料浪费较多、利用率低，相对料肉比偏高，饲喂时产生的粉尘大，猪群呼吸系统疾病多等。

2. 液态饲料自动饲喂系统

液态饲料是指把饲料原料、全价粉状饲料或颗粒饲料加入一定比例的水，混合而成的液态状饲料。液态自动饲喂系统主要由电脑自动控制系统，精确控制饲喂量和饲料种类，系统包括料塔、提升机、搅拌加水系统、输送料管、食槽等。与干饲料饲喂相比，液态料饲喂适口性较好，消化吸收率高，无粉尘，减少了猪呼吸道疾病的发生，还可充分利用各种饲料资源（如食品厂的下脚料、酒厂的酒糟等），降低成本；饲料转化率可提高5%～12%。

3. 液态发酵饲料饲喂系统

液态发酵饲料是指在液态饲料中人工接种有益微生物经快速发酵工艺制作的稳定的液态饲料。液态发酵饲料饲喂系统由液态发酵饲料发酵设备和液态饲喂系统两部分组成，根据猪场养殖规模进行设备配置，通过自动化控制实现精准饲喂，解决了发酵饲料生产和饲喂两个环节脱节的问题，促进液态发酵饲料的推广应用。

（二）技术优势

与其他饲喂方式相比，液态发酵饲喂具有明显的优势：自动控制发酵过程，避免了人工控制不稳定、易生长杂菌的问题；自动控制饲喂过程，实现精准投料，减少饲料损耗；彻底清洗设备及输送管道，解决了因饲料残留造成的发霉变质现象；控制系统自动收集、分析饲喂数据，并自动按照猪的采食曲线调整饲喂量。同时，为饲喂计划调整，提供参考数据；实现远程控制饲喂过程，减少人猪接触频次，有利于疾病防控；自动化程度高、易操作，上料、发酵、饲喂、清洗一键完成，显著降低劳动力成本。具体优势见表6-1和表6-2。

表 6-1 不同饲喂方式的影响

饲喂方式	饲料影响			猪群影响				
	形态	有益菌	pH 值	呼吸系统	消化系统	料肉比	抗菌药使用量	肉质
干饲料	固体	极少量	7	大	大	高	多	正常
液态饲料	液态	极少量	7	较小	较小	较低	较少	正常
液态发酵饲料	液态	大量	4.5～5.0	小	小	低	少	优

表 6-2 饲喂不同形态饲料的猪生长性能对比

项目	样本头数 / 头	平均日增重（%）	料肉比（%）
发酵液体饲料与液体饲料对比	83	+13.4	-1.4
发酵液体饲料与干粉料对比	84	+22.3	-10.9
液体饲料与干粉料对比	104	+12.3	-4.1

（三）技术原理

由于断奶、更换饲料、环境温度等应激因素破坏肠道构和微生物菌群平衡，易导致肠道发生疾病。饲料经液态发酵后饲喂可以促进消化吸收，维持肠道菌群平衡，保护猪群肠道健康。

1. 对消化道 pH 值的影响

饲喂液态发酵饲料的仔猪胃内 pH 值通常低于饲喂固体饲料和液态饲料的仔猪，而小肠内 pH 值通常高于饲喂固体饲料和液态饲料的仔猪。这可能是由于液态发酵饲料的高浓度乳酸含量刺激胰腺大量分泌胰液而出现的理化特征。饲喂液态发酵饲料、液态饲料和固体饲料对仔猪不同消化道位置 pH 值的影响见表 6-3。由于液态发酵饲料富含有机酸，可显著降低胃内 pH 值，激活胃蛋白酶的活性，抑制有害微生物的生长，尤其对断奶的仔猪效果显著。

表 6-3　饲喂不同饲料对仔猪消化系统 pH 值的影响

消化道位置	日粮			pH 值
	固体饲料	液态饲料	液态发酵饲料	
胃　部	4.4[a]	4.6[a]	4.0[b]	0.03
近端小肠	5.9	5.8	5.7	0.48
小肠中段	6.0[a]	5.8[b]	6.1[a]	0.008
远端小肠	6.4[a]	5.7[b]	6.1[ab]	0.02
盲　肠	5.7	5.5	5.7	0.17
近端结肠	5.9	5.8	5.8	0.72
结肠中段	6.1	6.0	6.1	0.54
远端结肠	6.4[ab]	6.2[a]	6.5[b]	0.04

注：a，b 代表差异显著（$P<0.05$）（20℃条件下，料水比 1：1.25）

2. 对消化道共生菌的影响

饲喂液态发酵饲料可以影响猪的肠道菌群。研究表明：不同饲喂方法在 20℃培养下，饲喂液态发酵饲料的仔猪远端小肠乳酸菌的数量显著高于饲喂固体颗粒饲料和非发酵液态饲料的仔猪；胃肠道的所有部位酵母菌的数量都显著增高。饲喂液态发酵饲料的仔猪肠道后端的乳酸杆菌和酵母菌的比例高，而饲喂固态饲料的仔猪，大肠杆菌比例高。母猪饲喂液态发酵饲料，后代仔猪的肠道菌群也受到影响。新生仔猪的肠道是无菌的，通过接触母猪和其生活环境获得特征菌群。研究表明，饲喂液态发酵饲料的母猪及其后代仔猪粪便中的大肠杆菌数量低于饲喂固体饲料的母猪及其后代仔猪，而乳酸杆菌的数量提高。饲喂液态发酵饲料能够降低消化道，尤其是胃和小肠中菌群三磷酸腺苷（ATP）的浓度。

3. 对消化道形态组织学的影响

从液态母乳过渡到固态饲料的过程通常伴随着采食量下降和发育受限。这会导致小肠绒毛变短和隐窝变深，消化能力降低。液态饲料，无论是以新鲜还是发酵形式，都有助于克服采食量降低，原因是营养物质摄取的提高使得小肠绒毛结构保持更完整。饲喂液态饲料还能减轻仔猪断奶过渡期的应激。

二、在养猪生产上的应用

（一）在仔猪上的应用

液态发酵饲料作为一种新型饲料，在断奶仔猪上的应用优势已被大量试验所证实。目前，国内在液态发酵饲料的应用方面也主要集中在断奶仔猪上，用于缓解仔猪断奶应激，促进采食，降低失重。具体如下：

1. 提高断奶前仔猪的采食量

研究表明，在仔猪断奶前饲喂水料比为 2∶1 的液态发酵饲料，可显著提高断奶前的采食量。21 日龄仔猪断奶前采食量从 200 克提高到 1 000 克左右，断奶重显著提高约 1 000 克。断奶后 3 天日采食量提高 18%，日增重提高 16.5%，断奶后第 1 周日增重提高 180%。

2. 降低断奶应激

断奶应激是仔猪在断奶后 2～3 周内由于食物、环境、心理的变化造成的应激，是影响断奶仔猪发育的重要因素。其中食物变化是最大的应激，断奶后食物由母乳突然转变成饲料特别是干粉料或颗粒料，往往会导致仔猪的采食量和消化率下降、肠道结构改变，造成断奶应激。液态发酵饲料利用益生菌降解饲料大分子物质为可吸收利用的小分子物质、减少饲料原料抗营养因子含量；含有高浓度乳酸，具有酸香味，可刺激仔猪采食；加之其物理性状与母乳相似，同时提供了养分和水，可避免仔猪因饮水不足出现脱水，从而缓解断奶应激的影响。

3. 降低消化道疾病的发生率

液态发酵饲料可改善仔猪消化道健康，降低断奶仔猪腹泻发生率。液态发酵饲料可降低仔猪胃内 pH 值，使病原菌无法通过胃部而定植于肠道内。

液态发酵饲料黏度小，对肠壁损伤小，缓解断奶应激对肠绒毛结构的不利影响，仔猪更易从中获取全面均衡的营养。液态发酵饲料饲喂断奶猪 28 天，电子显微镜观察，无论是肠绒毛、微绒毛的高度，还是绒毛的吸收面积，都显著高于饲喂同配方干饲料的仔猪。

（二）在生长肥育猪上的应用

随着猪的生长，其消化系统、免疫系统等各种功能日渐成熟，对外界的适应性增强。饲喂液态发酵饲料对生长育肥猪的效果则不如在仔猪阶段明显。但与其他饲喂方式相比，液态发酵饲料饲喂仍具有很多优势。

1. 降低生产成本

液态发酵饲料在降低育肥猪饲料成本方面具有独特优势。液态发酵饲料的制作可以采用大量食品加工业副产品及农副产品，扩大饲料来源。如液体氨基酸、酶和食品工业副产品（糖蜜、啤酒副产物、土豆加工副产物、牛奶生产、面包店废弃物、糖果）、酒精生产副产品如玉米酒糟和玉米浆等。同时可以利用新鲜农作物、牧草、高水分谷物等，极大地降低饲养成本，同时减少食品工业带来的环境污染。

2. 提高饲料利用率

微生物的发酵过程提高了饲料粗蛋白质、小肽及氨基酸含量，并产生了大量生物酶；饲料原料中磷被更多地释放出来，可减少饲料中磷、蛋白质、氨基酸的额外添加，提高养分利用率，降低单位增重的饲料成本。液态发酵饲料饲喂系统可减少人力成本，实现精准饲喂，减少饲料浪费。发酵饲料的制作需要温度维持在 22～26℃，寒冷季节饲喂液态发酵饲料，避免冷应激引起的疾病，提高养殖效益。

3. 改善肉品质量

液态发酵饲料可以减少疫病发生，减少抗菌药使用，促进肉品质量的提升。发酵饲料改变了饲料氨基酸和小肽的组成，能够有效提升猪肉品质，屠宰后肉色红度、肌肉嫩度、肌内脂肪含量及肌肉风味物质含量提高。

（三）在母猪上的应用

目前，国内液态发酵饲料在母猪上的应用还相对较少，与母猪的养殖设施有关，特别是产房哺乳母猪。

1. 提高母猪采食量

高产哺乳母猪的采食量通常难以满足其营养需要，尤其是夏季高温季节，哺乳母猪采食量下降严重，导致产奶量低，体重损失大，断奶发情间隔延长，甚至不发情，被迫淘汰。液体发酵饲料可以提高哺乳母猪的干物质采食量，提高生产性能。另外，妊娠母猪采食液体饲料，因饲料体积大而使胃有饱腹感，有助于妊娠母猪保持安静、维持胃容积，使产仔后采食量迅速提高。

2. 降低新生仔猪疾病压力

新生仔猪的肠道一般处于无菌状态，主要通过与母体、环境接触形成自身的微生物区系。母猪体内的大肠杆菌在分娩前由于压力作用而大量增殖，这使仔猪一出生便暴露在一个高风险感染环境中。饲喂液态发酵饲料可使母猪粪便中大肠杆菌数量显著降低，乳酸菌数量显著增加，为新生仔猪创造一个有利的微生物区系平衡的外部环境。另外，饲喂液态发酵饲料母猪便秘现象显著降低。

三、设施设备

液态发酵饲料的应用优势已经被养猪从业者广泛认可，制约其推广的主要原因，一是建设成本高、难度大；二是设施设备维护使用等技术还有待进一步规范和完善，该项技术属于近年来出现的新技术，还存在一定的不确定性，某些环节还存在一些小问题，目前缺少科学、合理、性价比高的饲喂系统。

液态发酵饲喂系统必须具备为规模化养猪场提供现场生产液态发酵饲料和自动饲喂的整套解决方案，一般由液态发酵设备、液态饲喂设备和自动化控制设备三部分组成。

（一）液态发酵设备

储料塔见图 6-1。用于储存干饲料。

发酵搅拌罐见图 6-2。用于搅拌液态发酵饲料，为液体发酵饲料提供适宜的发酵条件。

图 6-1　储料塔

图 6-2　发酵搅拌罐

恒温控制装置内含温度传感器、加热棒，由程序进行控温，精细调节发酵温度。

菌种添加装置是将菌种添加至发酵搅拌罐的装置。

（二）自动饲喂设备

称重装置见图 6-3。用于精准控制下料，确保饲喂量稳定，方便进行精细化管理。

　　高压水泵见图6-4。是将全发酵后的液态发酵饲料传送至各个饲喂口的装置。

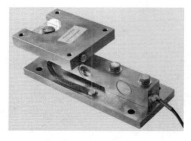

图6-3　称重装置

图6-4　高压水泵

　　气动控制阀门见图6-5。接受来自控制盒的信号，精准控制液态发酵饲料的投放。

图6-5　气动控制阀门

（三）自动化控制设备

　　控制柜见图6-6。用于控制液态发酵饲料自动饲喂。

控制盒见图 6-7。用于接受控制柜信号并对气动阀门发送开闭信号。

图 6-6 控制柜

图 6-7 控制盒

第七章
母猪批次化生产技术

随着猪场规模化程度越来越高，传统的母猪繁殖模式已不能适应现代化养猪的要求，母猪批次化生产技术逐渐被国内养猪业采用。

一、技术简介与优势

母猪批次化生产技术是将母猪分为若干个群、划分批次，按计划组织生产，借助一系列生物技术调整猪场母猪繁殖节律，使同群母猪同期发情、定时输精和同期分娩，达到全进全出的目的，是一种高效的母猪繁殖管理体系。

（一）技术简介

按照所采取的技术措施的不同，一般将母猪批次化生产技术分为简单式母猪批次化生产技术和精准式母猪批次化生产技术。

简单式母猪批次化生产技术：后备母猪采用饲喂烯丙孕素使性周期同步化，与统一断奶的经产母猪合批，在4～7天内实现配种和分娩。该生产技术要求猪场具备的基础条件较高：饲料优质全价营养，还须保证低霉菌毒素污染；环境调控措施良好，满足母猪生理需要；对后备和经产母猪实施精细化管理；控制严格后备母猪，经过两个发情期以上可让其进入性周期同步化程序，

220 日龄无性周期的淘汰；保证断奶 7 天内母猪的高发情率，尤其是夏季一定要保证 90% 的发情率和 88% 的配种分娩率。

精准式母猪批次化生产技术：该技术是在简单式母猪批次化生产技术的基础上引入母猪定时输精技术，包括卵泡发育同步化、排卵同步化、配种同步化和分娩同步化。相对前者具有现场操作程序简单，对管理、环境和人员素质要求相对低，母猪更新率低，补充的后备母猪少，批母猪相对固定，批次化生产更容易实现等优点。

我国幅员辽阔，各地气候差异较大，从业人员素质、生产和管理水平参差不齐，结合两种技术的优缺点，精准式母猪批次化生产技术更适合我国养猪业现状。

（二）技术优势

与传统的连续生产模式相比，母猪批次化生产无论从人员管理还是猪群管理，都有一定的优越性。

一是生产计划性强。猪群按照批次有序循环，生产计划简便清晰；配种、分娩阶段调配人员集中工作；批次间隔期间安排员工轮流休假，避免了连续生产模式每天重复同样工作的弊端。

二是真正实现全进全出。批次化生产仔猪出生时间平均相差不超过 3 天，批次集中转群，集中出栏，实现真正的全进全出。

三是提升生物安全管理。母猪批次集中产仔，仔猪集中免疫，有利于疾病防控；栏舍集中利用，有充足的空栏消毒时间，有利于卫生和防疫管理；批次集中出栏，减少了与猪场外界接触的频次，有利于生物安全管理水平的提升。

四是提高生产成绩。定时输精技术可提高母猪排卵数，窝产仔数提升 0.5～1 头；批次集中分娩，便于仔猪寄养，成活率提高 2% 左右；批次猪群日龄接近，对饲料、环境等要求相同，便于生产管理；改善猪群因日龄差异大造成的交叉感染，提高成活率。

五是经济效益显著。母猪批次化生产技术是母猪繁殖的高效管理手段，能够有效提高猪场母猪年提供断奶仔猪数（PSY）和母猪年提供肥猪数（MSY），降低猪群疾病发生率和健康管理成本，促进抗生素减量和食品安全，是畜牧业高质量发展的有效途径之一。

（三）制约因素

一是对人员和环境调控要求高。从业人员方面，素质参差不齐，对批次化生产的理解程度和操作熟练程度亦不一致；环境调控方面，猪舍建设水平和环境调控能力不同，季节温度变化大。这两方面问题易导致母猪配种妊娠率波动大，批次产仔窝数控制精准度降低，猪舍利用率下降。为避免上述问题的发生，在配种时应额外多配几头。

二是有生产成绩下降的风险。从连续生产向批次化生产转变的前期，由于猪群的整合，生产成绩有降低的风险，影响猪场效益。因此，建议在市场价格较低的时期导入批次化生产，避免半途而废。批次化生产最重要的一点就是保证每批猪群都能满负荷生产，只有这样才能保证年度生产目标的实现，一旦母猪群数量、配种、分娩任何一个环节出现问题，都会导致批次生产的非正常运转，而且无法弥补，影响最终生产任务的完成。

二、在养猪生产上的应用

（一）技术参数的设定

1. 批次间隔

批次间隔是指每两个生产批次之间的间隔时间，以周为单位。按照批次间隔周数，通常把批次化生产称为几周批。生产实践中以一周批、三周批、四周批、五周批最为常用。

批次间隔设计依据猪场母猪存栏规模及生产技术水平设定，

以达到提高栏舍利用率和全进全出为目的，从而提高猪群的健康程度和养殖效益（表7-1）。

表7-1 批次间隔的确定

批次类型	一周批	三周批	四周批	五周批
批次间隔（周）	1	3	4	5
适用规模（头）	≥1000	300～1000	100～300	≤100

注：适用规模是指猪场经产母猪存栏头数。

2. 母猪群数

母猪群数是将猪场存栏的经产母猪分为若干个群，由母猪生殖周期和批次间隔决定。母猪生殖周期计算公式如下：

母猪生殖周期＝妊娠天数＋哺乳天数＋断奶至配种间隔天数

在批次化生产实践中以周为单位组织生产，母猪的生殖周期一般按照21周（妊娠期16周＋哺乳期4周＋断奶至配种间隔1周）或20周（妊娠期16周＋哺乳期3周＋断奶至配种间隔1周）计算。一般一周和三周批次生产仔猪哺乳期为4周，母猪的生殖周期为21周；四周和五周批次生产仔猪哺乳期为3周，母猪的生殖周期为20周（表7-2）。

母猪群数计算公式如下：

母猪群数＝生殖周期（周）÷批次间隔（周）

表7-2 不同周批次化生产的母猪群数

批次间隔（周）	生殖周期（周）	母猪群数
1	21	21
3	21	7
4	20	5
5	20	4

3. 年产批次

指批次化生产每年可生产猪的批次数。由批次间隔决定，不同周批次化生产年产批次见表 7-3。年产批次的计算公式如下：

年产批次 ＝365 天÷批次间隔天数

表 7-3　不同周批次化生产年产批次

批次化模式	批次间隔（天）	年产批次
一周批	7	52
三周批	21	17
四周批	28	13
五周批	35	10

4. 生产工艺

实行全进全出生产体系，各阶段猪群在相应圈舍饲养及空栏消毒时间符合以下要求：

第一，转群后的空舍或单元，清洗、消毒、空圈 7 天（四周批 4 天）。

第二，后备母猪配种前在配怀车间饲喂烯丙孕素 16～18 天，完成与计划同一批次配种的断奶母猪的同期发情工作。

第三，后备母猪及断奶母猪在配怀车间限位栏饲养 42 天，完成配种、妊娠诊断和返情检查工作。

第四，妊娠诊断完成后，妊娠母猪继续限位饲养或转入妊娠母猪舍群养，至产前 7 天（四周批 3 天）转入分娩车间。

第五，一周批次、三周批次生产哺乳母猪于 28 天断奶，四周批次、五周批次生产哺乳母猪于 21 天断奶。

5. 主要技术指标

见表 7-4。主要生产技术指标完成情况决定着批次生产的稳定性。

表7-4　批次化主要生产技术指标

指标名称	指标值
母猪妊娠期（天）	114
断奶至配种间隔（天）	≤7
母猪配种率（%）	100
母猪配种妊娠率（%）	≥80
母猪年产窝数（窝/年）	≥2.3
断奶日龄（天）	一周批、三周批28
	四周批、五周批21
母猪年淘汰更新率（%）	≥35

（二）母猪批次化生产操作程序

母猪批次化生产操作程序包括8个阶段。其中，定时输精阶段细分为3个步骤（图7-1）。

1. 准备期

（1）**确定批次间隔**　按照本场实际情况，确定批次间隔，即生产中执行几周批（参照表7-1）。

（2）**母猪分群**　按照表7-2中的母猪群数将经产母猪分成若干个群。

（3）**后备母猪补充**　母猪分群后，每批次不足的母猪及生产淘汰的母猪均需用后备母猪补齐，因此要依据每批母猪群数量及生产指标做好每批次后备母猪补充计划。影响每批次后备母猪补充头数的因素包括：群母猪头数、断奶母猪头数、断奶母猪淘汰头数、断奶母猪配种妊娠率（%）和后备母猪配种妊娠率（%）。批次后备母猪补充头数计算公式如下：

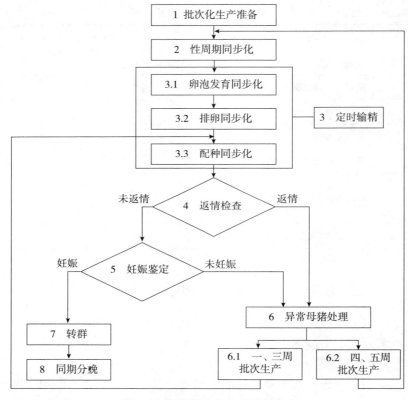

图 7-1 母猪批次化生产操作程序

$$G = [A - N + C + N \times (1 - S)] \div B$$

式中：

G——批次后备母猪补充头数

A——群母猪头数

N——断奶母猪头数

C——断奶母猪淘汰头数

S——断奶母猪配种妊娠率（%）

B——后备母猪配种妊娠率（%）

2. 性周期同步化

（1）后备母猪性周期同步化　只准许至少有一次发情史的后备母猪进入性周期同步化程序。在哺乳母猪计划断奶日前 16～18 天，计划入群的后备母猪每日每头连续饲喂烯丙孕素 20 毫克，在哺乳母猪计划断奶日前一天下午 3 时停止饲喂。

（2）断奶母猪性周期同步化　同批次哺乳母猪在计划断奶日的下午 5 时同时断奶。

3. 定时输精

定时输精阶段细分为 3 个步骤，卵泡发育同步化、排卵同步化和配种同步化。

（1）卵泡发育同步化

①后备母猪　后备母猪性周期同步化后，间隔 42 小时肌内注射孕马血清促性腺激素（PMSG）1000 国际单位，或 PMSG 400 国际单位＋人绒毛膜促性腺激素（HCG）200 国际单位。

②断奶母猪　断奶母猪性周期同步化后，间隔 24 小时肌内注射 PMSG 1000 国际单位，或 PMSG 400 国际单位＋HCG 200 国际单位。

（2）排卵同步化

①后备母猪　卵泡发育同步化后，间隔 80 小时肌内注射促性腺激素释放激素（GnRH）100 微克。

②断奶母猪　卵泡发育同步化后，间隔 72 小时肌内注射 GnRH 100 微克。

（3）配种同步化　全部后备母猪及断奶母猪排卵同步化后，均间隔 24 小时第一次人工授精，再间隔 16 小时第二次人工授精，再间隔 24 小时查情，仍有静立反射的第三次人工授精。

4. 返情检查

人工授精后第 18～24 天进行返情检查，返情的转入异常母猪群饲养，按照异常母猪处理程序处理。

5. 妊娠鉴定

人工授精后第 25 天采用 B 超进行妊娠鉴定。鉴定为可疑的，第 30 天进行第二次妊娠鉴定。鉴定为空怀的，转入异常母猪群饲养，按照异常母猪处理程序处理。

6. 异常母猪处理

配种后返情、未受孕或流产，具有种用价值未被淘汰的母猪统称为异常母猪。

采用一周批次化和三周批次化生产的，由于生产节律与母猪发情周期吻合，发情即转入正在或准备配种的批次中并立即配种。

采用四周批次化和五周批次化生产的，由于生产节律与母猪发情周期不一致，发情不配种，并入下一批次配种计划中，按照后备母猪性周期同步化和定时输精程序操作。

人工授精后再次发生返情、未受孕或流产的母猪淘汰。

7. 转群

妊娠母猪产前 7 天（四周批 3 天）转入产房，哺乳母猪断奶即转入配怀车间。

8. 同期分娩

妊娠期 114 天没有分娩的母猪在妊娠期 115 天注射氯前列烯醇钠 2 毫升。

（三）连续生产向批次化生产过渡

1. 过渡准备

猪场从连续生产向批次化生产过渡，首先要确定采用几周批生产模式，并制订周密的过渡计划。

（1）猪舍设备规划　根据计划采用的周批次化生产模式对猪舍和设备的要求，重新规划，内部改造，以满足相应批次化生产对猪舍单元和栏位数量等的需要。

（2）后备母猪补充计划　根据计划采用的周批次化生产模式

和猪舍设备，制订每批次母猪群的数量计划，现有数量不足部分及淘汰的经产母猪由后备母猪补充。在批次化生产执行的前 14 周引入足够数量和相应日龄的后备母猪，并进行隔离、免疫，发情监测，保证满足批次生产的母猪数量。

2. 导入批次化生产

在第 1～14 周充分做好过渡准备工作后，自第 15 周进入批次化生产导入阶段。本阶段的关键工作是实现合批哺乳母猪的同期断奶和同步配种。

（1）一周批次生产母猪导入　将母猪分为 1～21 个群，预产期相同或相邻周的母猪并入同一群，每周操作一次断奶和配种工作（表 7-5）。

表 7-5　一周批次生产母猪导入

项目	批次	周	分娩形式	同期断奶	同步配种
准备	后备	1～14	准备向一周批次生产过渡，后备准备		
连续生产向批次生产过渡	1	15	连续分娩	断奶	
	2	16	连续分娩	断奶	1 批次配种
	3	17	连续分娩	断奶	2 批次配种
	4	18	连续分娩	断奶	3 批次配种
	5	19	连续分娩	断奶	4 批次配种
	6	20	连续分娩	断奶	5 批次配种
	7	21	连续分娩	断奶	6 批次配种
	8	22	连续分娩	断奶	7 批次配种
	9	23	连续分娩	断奶	8 批次配种
	10	24	连续分娩	断奶	9 批次配种
	11	25	连续分娩	断奶	10 批次配种
	12	26	连续分娩	断奶	11 批次配种
	13	27	连续分娩	断奶	12 批次配种

续表 7-5

项目	批次	周	分娩形式	同期断奶	同步配种
连续生产向批次生产过渡	14	28	连续分娩	断奶	13 批次配种
	15	29	连续分娩	断奶	14 批次配种
	16	30	连续分娩	断奶	15 批次配种
	17	31	连续分娩	断奶	16 批次配种
	18	32	1 批次分娩	断奶	17 批次配种
	19	33	2 批次分娩	断奶	18 批次配种
	20	34	3 批次分娩	断奶	19 批次配种
	21	35	4 批次分娩	断奶	20 批次配种
批次生产	1	36	5 批次分娩	1 批 28 日龄	21 批次配种
	2	37	6 批次分娩	2 批 28 日龄	1 批次配种
	3	38	7 批次分娩	3 批 28 日龄	2 批次配种

（2）三周批次生产母猪导入　将母猪群分为 A、B、C、D、E、F、G 7 个群，预产期相邻的 3 周母猪并入同一群，调整断奶日龄同期断奶，每 3 周操作一次断奶和配种工作（表 7-6）。

表 7-6　三周批次生产母猪导入

项目	批次	周	分娩形式	断奶日龄	同步配种
准备	后备	1～14	准备向三周批次生产过渡，后备准备		
连续生产向批次生产过渡	A	15	连续分娩	35	
		16	连续分娩	28	
		17	连续分娩	21	A 批次配种
	B	18	连续分娩	35	
		19	连续分娩	28	
		20	连续分娩	21	B 批次配种

续表 7-6

项目	批次	周	分娩形式	断奶日龄	同步配种
连续生产向批次生产过渡	C	21	连续分娩	35	
		22	连续分娩	28	
		23	连续分娩	21	C 批次配种
	D	24	连续分娩	35	
		25	连续分娩	28	
		26	连续分娩	21	D 批次配种
	E	27	连续分娩	35	
		28	连续分娩	28	
		29	连续分娩	21	E 批次配种
	F	30	连续分娩	35	
		31	连续分娩	28	
		32	连续分娩	21	F 批次配种
批次生产	A、G	33	A 批次分娩	G 组 35	
	G	34		G 组 28	
	G	35		G 组 21	G 批次配种
	B	36	B 批次分娩		
	A	37		A 组 28	
	A	38			A 批次配种

（3）四周批次生产母猪导入　将母猪群分为 A、B、C、D、E 5 个群，预产期相邻的 4 周母猪并入同一群，调整断奶日龄同期断奶，每 4 周操作一次断奶和配种工作（表 7-7）。

表 7-7　四周批次生产母猪导入

项目	批次	周	分娩形式	断奶日龄	同步配种
准备	后备	1～14	准备向四周批次生产过渡，后备准备		
连续生产向批次生产过渡	A	15	连续分娩	35*	
		16	连续分娩	28	
		17	连续分娩	21	
		18	连续分娩	14	A 批次配种
	B	19	连续分娩	35*	
		20	连续分娩	28	
		21	连续分娩	21	
		22	连续分娩	14	B 批次配种
	C	23	连续分娩	35*	
		24	连续分娩	28	
		25	连续分娩	21	
		26	连续分娩	14	C 批次配种
	D	27	连续分娩	35*	
		28	连续分娩	28	
		29	连续分娩	21	
		30	连续分娩	14	D 批次配种
	E	31	连续分娩	35*	
		32	连续分娩	28	
		33	连续分娩	21	
		34	A 批次分娩	14	E 批次配种
批次生产	A	37		A 组 21	
	B	38	B 批次分娩		A 批次配种

　　* 表示仔猪于 35 日龄断奶；也可采用 21 日龄断奶的方法，需在哺乳 19 天时开始饲喂烯丙孕素，至断奶后 14 天停止饲喂。

　　（4）五周批次生产母猪导入　将母猪群分为 A、B、C、D 4 个群，预产期相邻的 5 周母猪并入同一群，其中 4 个周的哺乳母猪调整断奶日龄同期断奶，剩下 1 周的哺乳母猪断奶即饲喂烯丙孕素 17 天，调整发情周期与其他 4 周的断奶母猪性周期同步化。过渡完成后每 5 周操作一次断奶和配种工作（表 7-8）。

表 7-8　五周批次生产母猪导入

项目	批次	周	分娩形式	断奶日龄	同步配种
准备	后备	1～14	准备向五周批次生产过渡，后备准备		
连续生产向批次生产过渡	A	15	连续分娩	25**	
		16	连续分娩	35*	
		17	连续分娩	28	
		18	连续分娩	21	
		19	连续分娩	14	A 批次配种
	B	20	连续分娩	25**	
		21	连续分娩	35*	
		22	连续分娩	28	
		23	连续分娩	21	
		24	连续分娩	14	B 批次配种
	C	25	连续分娩	25**	
		26	连续分娩	35*	
		27	连续分娩	28	
		28	连续分娩	21	
		29	连续分娩	14	C 批次配种
	D	30	连续分娩	25**	
		31	连续分娩	35*	
		32	连续分娩	28	
		33	连续分娩	21	
		34	连续分娩	14	D 批次配种
批次生产	A	35	A 批次分娩		
	A	38		A 批次 21	
	A	39			A 批次配种
	B	40	B 批次分娩		

＊ 表示仔猪于 35 日龄断奶；也可采用 21 日龄断奶的方法，需在哺乳 19 天时开始饲喂烯丙孕素，至断奶后 14 天停止饲喂。

＊＊ 表示仔猪于 25 日龄断奶，母猪断奶即饲喂烯丙孕素，至断奶后 17 天停止饲喂。

三、设施设备

设施设备与不实施母猪批次化生产技术的相同，但须确定好其数量，数量的确定是由批次化生产指标计算得出，一般为最低数量，生产实践中应适当增加，防止栏位不足影响正常生产。

产房单元数：依据母猪批次化生产工艺与技术参数，产房单元数最低要求见表7-9。

表 7-9　产房单元数最低要求

项目	一周批	三周批	四周批	五周批
产房单元数（间）	6	2	1	1

产床数量：由批产床数量和产房单元数决定。

批产床数量不低于批次分娩母猪数量。

$$批产床数量＝（母猪存栏头数×母猪年产窝数）÷年产批次$$
$$产床数量＝批产床数量×产房单元数$$

以 A 猪场经产母猪存栏 500 头，采用三周批次生产模式，母猪年产窝数 2.38 窝／年为例（以下举例相同）。

批产床数量：（500 × 2.38）÷ 17＝70（张）

产床数量：70 × 2＝140（张）

母猪栏位：包括配种栏、异常母猪栏、妊娠母猪栏等。全部采用限位栏与仅配种阶段采用限位栏、其他阶段采用群饲对栏位的数量需求差异很大。全部采用限位栏饲养模式需要的栏位数量最少、投资最低，以下计算以此模式为例。

$$配种栏数量＝批次分娩母猪数量÷配种妊娠率$$

异常母猪按照最多饲养两个情期则淘汰计算，则

异常母猪栏数量＝配种栏数量×（1－配种妊娠率）×2

妊娠母猪栏数量＝母猪存栏头数－产房母猪头数－配种栏母猪

头数－异常母猪头数

若 A 猪场配种妊娠率80%，则

配种栏数量：$70 \div 0.8 \approx 88$（头）

异常母猪栏数量：$88 \times （1-0.8） \times 2 \approx 36$（头）

妊娠母猪栏数量：$500-70-88-36＝306$（头）

保育和育肥栏位：保育和育肥阶段按照与产房一一对应设计，实现全进全出即可。

附　录

GB/T 17824.3—2008

规模猪场环境参数及环境管理

前　言

GB/T 17824 分为三个部分：

——GB/T 17824.1《规模猪场建设》；

——GB/T 17824.2《规模猪场生产技术规程》；

——GB/T 17824.3《规模猪场环境参数及环境管理》。

本部分为 GB/T 17824 的第 3 部分。

本部分代替 GB/T 17824.4—1999《中、小型集约化养猪场环境参数及环境管理》。

本部分与 GB/T 17824.4—1999 相比主要变化如下：

——将标准名称改为"规模猪场环境参数及环境管理"；

——将标准主体内容改为：范围、规范性引用文件、术语和定义、场区环境管理、猪舍环境参数与环境管理；

——增加了"场区环境管理"；

——删除了"群养猪组群要求"。

本部分由中华人民共和国农业部提出。

本部分由全国畜牧业标准化技术委员会归口。

本部分起草单位：北京市农林科学院畜牧兽医研究所。

本部分起草人：季海峰、张董燕、单达聪、王四新、黄建国、吕利军、王雅民、苏布敦格日乐。

本部分所代替标准的历次版本发布情况为：

——GB/T　17824.4—1999。

规模猪场环境参数及环境管理

1　范围

GB/T 17824 的本部分规定了规模猪场的场区环境和猪舍环境的相关参数及管理要求。

本部分适用于规模猪场的环境卫生管理，其他类型猪场亦可参照执行。

2　规范性引用文件

下列文件中的条款通过 GB/T 17824 的本部分的引用而成为本部分的条款。凡是注日期的引用文件，其随后所有的修改单（不包括勘误的内容）或修订版均不适用于本部分，然而，鼓励根据本部分达成协议的各方研究是否可使用这些文件的最新版本。凡是不注日期的引用文件，其最新版本适用于本部分。

GB 5749　生活饮用水卫生标准

GB 13078　饲料卫生标准

GB 16548　病害动物和病害动物产品生物安全处理规程

GB/T 17824.1　规模猪场建设

GB 18596　畜禽场养殖业污染物排放标准

3　术语和定义

下列术语和定义适用于 GB/T 17824 的本部分。

3.1

规模猪场　intensive pig farms

采用现代养猪技术与设施设备，实行自繁自养、全年均衡生产工艺，存栏基础母猪 100 头以上的养猪场。

3.2

粉尘 dust

粒径小于 75μm、能悬浮在空气中的固体微粒。

4 场区环境管理

4.1 场区布局按照 GB/T 17824.1 执行，应保持场区内清洁卫生，定期对门口、道路和地面进行消毒，定期灭蝇、灭蚊和灭鼠。

4.2 在场区及周围空闲地上种植花、草和环保树，可以绿化环境、净化空气、改善场区小气候。

4.3 场内的饲料卫生按照 GB 13078 执行。

4.4 配合饲料宜采用氨基酸平衡日粮，添加国家主管行政部门批准的微生物制剂、酶制剂和植物提取物，以提高饲料利用率，减少粪便、臭气等污染物的排放量。

4.5 场内水量充足，饮用水水质应达到 GB 5749 的要求，应定期检修供水设施，保障水质传送过程中无污染。

4.6 猪场粪污处理宜采用干湿分离、人工清粪方式；粪便经无害化处理后还田利用，污水经净化处理后应达到 GB 18596 的要求。

4.7 病死猪及其污染物应按照 GB 16548 的规定进行生物安全处理。

4.8 应定期对场区空气和饮用水指标进行监测，以便及时掌控规模猪场的环境情况。

5 猪舍环境参数与环境管理

5.1 猪舍空气

5.1.1 温度和湿度参数

猪舍内空气的温度和相对湿度应符合表 1 的规定。

表 1 猪舍内空气温度和相对湿度

猪舍类别	空气温度 /℃			相对湿度 /%		
	舒适范围	高临界	低临界	舒适范围	高临界	低临界
种公猪舍	15～20	25	13	60～70	85	50
空怀妊娠母猪舍	15～20	27	13	60～70	85	50
哺乳母猪舍	18～22	27	16	60～70	80	50
哺乳仔猪保温箱	28～32	35	27	60～70	80	50
保育猪舍	20～25	28	16	60～70	80	50
生长育肥猪舍	15～23	27	13	65～75	85	50

注1：表中哺乳仔猪保温箱的温度是仔猪1周龄以内的临界范围，2周～4周龄时的下限温度可降至26℃～24℃。表中其他数值均指猪床上0.7m处的温度和湿度。

注2：表中的高、低临界值指生产临界范围，过高或过低都会影响猪的生产性能和健康状况。生长育肥猪舍的温度，在月份平均气温高于28℃时，允许将上限提高1℃～3℃，月份平均气温低于–5℃时，允许将下限降低1℃～5℃。

注3：在密闭式有采暖设备的猪舍，其适宜的相对湿度比上述数值要低5%～8%。

5.1.2 温度管理

5.1.2.1 哺乳母猪和哺乳仔猪需要的温度不同，应对哺乳仔猪采取保温箱单独供暖。

5.1.2.2 猪舍环境温度高于临界范围上限值时，应采取喷雾、湿帘和遮阳等降温措施，加强通风，保证清洁饮水，提高日粮营养水平。

5.1.2.3 猪舍环境温度低于临界范围下限值时，应采取供暖、保温措施，保持圈舍干燥，控制风速，防止贼风，提高日粮营养水平。

5.1.3 空气卫生

猪舍空气中的氨（NH_3）、硫化氢（H_2S）、二氧化碳（CO_2）、细菌总数和粉尘不宜超过表2的数值。

表 2　猪舍空气卫生指标

猪舍类别	氨 /（mg/m³）	硫化氢 /（mg/m³）	二氧化碳 /（mg/m³）	细菌总数 /（万个 /m³）	粉尘 /（mg/m³）
种公猪舍	25	10	1500	6	1.5
空怀妊娠母猪舍	25	10	1500	6	1.5
哺乳母猪舍	20	8	1300	4	1.2
保育猪舍	20	8	1300	4	1.2
生长育肥猪舍	25	10	1500	6	1.5

5.2　猪舍通风

5.2.1　猪舍通风时，气流分布应均匀，无死角，无贼风。

5.2.2　跨度小于 10m 的猪舍宜采用自然通风，并设地窗和屋顶风管；跨度大于 10m 或者全密闭的猪舍宜采用机械通风。

5.2.3　猪舍通风量和风速应符合表 3 的规定。

表 3　猪舍通风量与风速

猪舍类别	通风量 /［m³/（h·kg）］			风速 /（m/s）	
	冬季	春秋季	夏季	冬季	夏季
种公猪舍	0.35	0.55	0.70	0.30	1.00
空怀妊娠母猪舍	0.30	0.45	0.60	0.30	1.00
哺乳猪舍	0.30	0.45	0.60	0.15	0.40
保育猪舍	0.30	0.45	0.60	0.20	0.60
生长育肥猪舍	0.35	0.50	0.65	0.30	1.00

注 1：通风量是指每千克活猪每小时需要的空气量。
注 2：风速是指猪只所在位置的夏季适宜值和冬季最大值。
注 3：在月份平均温度 ≥ 28℃的炎热季节，应采取降温措施。

5.3　猪舍采光

5.3.1　猪舍的自然光照和人工照明应符合表 4 的数据要求。

表4　猪舍采光参数

猪舍类别	自然光照		人工照明	
	窗地比	辅助照明 /lx	光照度 /lx	光照时间 /h
种公猪舍	1:12～1:10	50～75	50～100	10～12
空怀妊娠母猪舍	1:15～1:12	50～75	50～100	10～12
哺乳猪舍	1:12～1:10	50～75	50–100	10～12
保育猪舍	1:10	50～75	50～100	10～12
生长育肥猪舍	1:15～1:12	50～75	30～50	8～12

注1：窗地比是以猪舍门窗等透光构件的有效透光面积为1，与舍内地面积之比。
注2：辅助照明是指自然光照猪舍设置人工照明以备夜晚工作照明用。

5.3.2　猪舍人工照明宜使用节能灯，光照应均匀，按照灯距3m、高度2.1m～2.4m、每灯光照面积9m² ～12m²的原则布置。

5.3.3　猪舍的灯具和门窗等透光构件应保持清洁。

5.4　猪舍噪声

5.4.1　各类猪舍的生产噪声和外界传入噪声不得超过80dB，应避免突发的强烈噪声。

5.4.2　加强猪舍周围绿化，降低外部噪声的传入。

参考文献

［1］陈瑶生. 生猪标准化养殖技术［M］. 北京：中国农业科学出版社，2012.

［2］武英. 生猪标准化规模养殖技术［M］. 北京：金盾出版社，2016.

［3］尹洛蓉. 生猪标准化养殖技术［M］. 四川：西南交通大学出版社，2016.

［4］李绍钰. 生猪标准化生态养殖技术［M］. 河南：中原农民出版社，2014.

［5］欧广志. 现代养猪实用技术［M］. 北京：中国农业科学出版社，2011.

［6］唐维，等. 浅谈规模猪场环境污染与保护措施［J］. 广西农学报，2015，30（3）：50-51，54.

［7］王洪华，等. 猪场粪污的清理技术［J］. 中国畜禽种业，2014，10（10）：70.

［8］陈润生. 优质猪肉的指标及其度量方法［J］. 养猪业，2002（3）：1-5.

［9］蒋永彰，张道愧. 快速养猪法［M］. 北京：金盾出版社，2010：79-92.

［10］韩治军. 浅谈猪场母猪配种分娩率低的原因及措施［J］. 山东畜牧兽医，2010，31：36-37.

［11］朱桂华，任咏梅. 提高规模养殖场母猪生产效率的基本措施［J］. 云南畜牧兽医，2012，（5）：4-6.